MySQL数据库入门

传智播客高教产品研发部 编著

配套DVD，内含教学视频 + 案例源码

清华大学出版社
北京

内 容 简 介

MySQL数据库是以"客户端/服务器"模式实现的,是一个多用户、多线程的小型数据库。MySQL因其稳定、可靠、快速、管理方便以及支持众多系统平台的特点,成为世界范围内最流行的开源数据库之一。《MySQL数据库入门》就是面向数据库初学者特地推出的一本进阶学习的入门教材,本教材站在初学者的角度,以形象的比喻、丰富的图解、实用的案例、通俗易懂的语言详细讲解了MySQL的开发和管理技术。

全书共8章,第1~5章主要讲解了MySQL中的基础操作,包括数据库基础知识、MySQL的安装配置及使用、数据库和表的基本操作、单表中数据的增删改查操作以及多表中数据的增删改查操作。第6~8章则围绕数据库开发的一些高级知识展开讲解,包括事务与存储过程、视图、数据的备份与还原以及数据库的用户和权限管理。

本教材附有配套视频、习题、教学课件等资源,而且为了帮助初学者更好地学习本教材中的内容,还提供了在线答疑,希望得到更多读者的关注。

本教材既可作为高等院校本、专科计算机相关专业的数据库开发与管理教材,也可作为数据库开发基础的培训教材,是一本适合广大计算机编程爱好者的优秀读物。

本书封面贴有清华大学出版社防伪标签,无标签者不得销售。
版权所有,侵权必究。举报:010-62782989,beiqinquan@tup.tsinghua.edu.cn。

图书在版编目(CIP)数据

MySQL数据库入门/传智播客高教产品研发部编著. —北京:清华大学出版社,2015(2021.4重印)
ISBN 978-7-302-38795-4

Ⅰ. ①M… Ⅱ. ①传… Ⅲ. ①关系数据库系统 Ⅳ. ①TP311.138

中国版本图书馆CIP数据核字(2014)第287330号

责任编辑:袁勤勇　薛　阳
封面设计:常雪影
责任校对:时翠兰
责任印制:丛怀宇

出版发行:清华大学出版社
　　　　网　　址:http://www.tup.com.cn,http://www.wqbook.com
　　　　地　　址:北京清华大学学研大厦A座　　　　邮　编:100084
　　　　社 总 机:010-62770175　　　　　　　　　　邮　购:010-62786544
　　　　投稿与读者服务:010-62776969,c-service@tup.tsinghua.edu.cn
　　　　质量反馈:010-62772015,zhiliang@tup.tsinghua.edu.cn
　　　　课件下载:http://www.tup.com.cn,010-83470236
印 装 者:北京嘉实印刷有限公司
经　　销:全国新华书店
开　　本:185mm×260mm　　　印　张:14.5　　　字　数:340千字
　　　　附光盘1张
版　　次:2015年3月第1版　　　　　　　　　　　印　次:2021年4月第25次印刷
定　　价:40.00元

产品编号:062805-04

序 preface

江苏传智播客教育科技股份有限公司(简称"传智播客")是一家致力于培养高素质软件开发人才的科技公司。经过多年探索,传智播客的战略逐步完善,从 IT 教育培训发展到高等教育,从根本上解决以"人"为单位的系统教育培训问题,实现新的系统教育形态,构建出前后衔接、相互呼应的分层次教育培训模式。

一、"黑马程序员"——高端 IT 教育品牌

"黑马程序员"的学员多为大学毕业后,想从事 IT 行业,但各方面条件还不成熟的年轻人。"黑马程序员"的学员筛选制度非常严格,包括了严格的技术测试、自学能力测试,以及性格测试、压力测试、品德测试等。百里挑一的残酷筛选制度确保学员质量,并降低企业的用人风险。

自"黑马程序员"成立以来,教学研发团队一直致力于打造精品课程资源,不断在产、学、研 3 个层面创新自己的执教理念与教学方针,并集中"黑马程序员"的优势力量,有针对性地出版了计算机系列教材 90 多种,制作教学视频数十套,发表各类技术文章数百篇。

"黑马程序员"不仅斥资研发 IT 系列教材,还为高校师生提供以下配套学习资源与服务。

1. 为大学生提供的配套服务

(1) 请同学们登录 http://yx.ityxb.com,进入"高校学习平台",免费获取海量学习资源。平台可以帮助高校学生解决各类学习问题。

(2) 针对高校学生在学习过程中存在的压力大等问题,我们还面向大学生量身打造了 IT 技术女神——"播妞学姐",可提供教材配套源码、习题答案及更多学习资源。同学们快来关注"播妞学姐"的微信公众号 boniu1024。

"播妞学姐"微信公众号

2. 为教师提供的配套服务

针对高校教学,"黑马程序员"为 IT 系列教材精心设计了"教案

＋授课资源＋考试系统＋题库＋教学辅助案例"的系列教学资源。高校老师请登录 http://yx.ityxb.com，进入"高校教辅平台"，也可关注"码大牛"老师微信/QQ：2011168841，获取配套资源，还可以扫描下方二维码，关注专为IT教师打造的师资服务平台——"教学好助手"，获取最新的教学辅助资源。

二、"传智专修学院"——高等教育机构

"教学好助手"微信公众号

传智专修学院是一所由江苏省宿迁市教育局批准、江苏传智播客教育科技股份有限公司投资创办的四年制应用型院校。学校致力于为互联网、智能制造等新兴行业培养高精尖科技人才，聚焦人工智能、大数据、机器人、物联网等前沿技术，开设软件工程专业，招收的学生入校后将接受系统化培养，毕业时学生的专业水平和技术能力可满足大型互联网企业的用人要求。

传智专修学院借鉴卡内基·梅隆大学、斯坦福大学等世界著名大学的办学模式，采用"申请入学，自主选拔"的招生方式，通过深入调研企业需求，以校企合作、专业共建等方式构建专业的课程体系。传智专修学院拥有顶级的教研团队、完善的班级管理体系、匠人精神的现代学徒制和敢为人先的质保服务。

传智专修学院突出的办学特色如下。

(1)立足"高精尖"人才培养。传智专修学院以国家重大战略和国际科学技术前沿为导向，致力于为社会培养具有创新精神和实践能力的应用型人才。

(2)项目式教学，培养学生自主学习能力。传智专修学院打破传统高校理论式教学模式，将项目实战式教学模式融入课堂，通过分组实战，模拟企业项目开发过程，让学生拥有真实的工作能力，并持续培养学生的自主学习能力。

(3)创新模式，就业无忧。学校为学生提供"1年工作式学习"，学生能够进入企业边工作边学习。与此同时，我们还提供专业老师指导学生参加企业面试，并且开设了技术服务窗口给学生解答工作中遇到的各种问题，帮助学生顺利就业。

如果想了解传智专修学院更多的精彩内容，请关注微信公众号"传智专修学院"。

传智专修学院

传智播客

2020年2月

前言 foreword

MySQL 是一种开放源代码的关系型数据库管理系统(RDBMS)，它使用最常用的数据库管理语言——结构化查询语言(SQL)进行数据库管理。由于 MySQL 是开放源代码的，因此任何人都可以在 General Public License 的许可下下载并根据个性化的需要对其进行修改。MySQL 因为其速度、可靠性和适应性而备受关注。

为什么学习本书

MySQL 数据库是世界上最流行的数据库之一，它是一个真正的多用户、多线程 SQL 数据库服务器，能够快捷、有效和安全地处理大量的数据。相对于 Oracle 等数据库来说，MySQL 数据库的主要特点是快速、便捷和易用。

本书针对 MySQL 技术进行了深入分析，并针对每个知识点精心设计了相关案例，然后模拟这些知识点在实际工作中的应用，真正做到了知识的由浅入深、由易到难。希望读者在学习时，能够多动手练习，灵活运用 MySQL 数据库及其 SQL 语句。

如何使用本书

本教材共分 8 章，接下来分别对每章进行简单介绍，具体如下。

- 第 1 章主要介绍数据库的相关知识，包括创建的数据库产品、数据库存储结构、MySQL 的安装配置与使用等。通过本章的学习，初学者能够对数据库有一个大致的认识，并且可以独立完成 MySQL 数据库的安装和配置。
- 第 2~5 章讲解 MySQL 数据库的常见操作，包括数据库和数据表的增删改查操作。这些操作都是通过 SQL 语句实现的，初学者应多动手书写 SQL 语句，熟练掌握数据的增删改查操作。
- 第 6~7 章讲解数据库中的事务、存储过程以及视图，这些内容可以对 MySQL 数据库进行性能优化，希望初学者可以循序渐进掌握 MySQL 中的各项技术。

- 第 8 章讲解 MySQL 数据库的高级操作，包括数据的备份还原、用户管理和权限管理。初学者会对数据进行备份还原，并且可以通过权限控制管理不同的用户。

在上面所提到的 8 章中，第 2～5 章主要针对 MySQL 数据库的 SQL 语句进行详细讲解，这些 SQL 语句是 MySQL 开发的核心，要求初学者多动手练习，熟练掌握操作数据库的 SQL 语句。

另外，如果读者在理解知识点的过程中遇到困难，建议不要纠结于某个地方，可以先往后学习，通常来讲，学习后面对知识点的讲解或者其他小节的内容后，前面看不懂的知识点一般就能理解了，如果读者在动手练习的过程中遇到问题，建议多思考，理清思路，认真分析问题发生的原因，并在问题解决后多总结。

致 谢

本教材的编写和整理工作由传智播客教育科技有限公司高教产品研发部完成，主要参与人员有徐文海、高美云、陈欢、黄云等。研发小组成员在近一年的编写过程中付出了很多辛勤的汗水。除此之外，还有传智播客 600 多名学员也参与到了教材的试读工作中，他们站在初学者的角度对教材提供了许多宝贵的修改意见，在此一并表示衷心的感谢。

意见反馈

尽管我们尽了最大的努力，但教材中难免会有不妥之处，欢迎各界专家和读者朋友们来信来函给予宝贵意见，我们将不胜感激。您在阅读本书时，如发现任何问题或有不认同之处可以通过电子邮件与我们取得联系。

请发送电子邮件至：itcast_book@vip.sina.com

传智播客教育科技有限公司　高教产品研发部
2014-11-24 于北京

目录

专属于教师和学生的在线教育平台
http://yx.ityxb.com/

让IT教学更简单

教师获取教材配套资源

扫码添加"码大牛"
获取教学配套资源及教学前沿资讯
添加QQ/微信2011168841

让IT学习更有效

扫码关注"播妞学姐"
免费领取配套资源及200元"助学优惠券"

第1章	数据库入门	1
1.1	数据库基础知识	1
	1.1.1 数据库概述	1
	1.1.2 数据库存储结构	2
	1.1.3 SQL 语言	3
	1.1.4 常见的数据库产品	4
1.2	MySQL 安装与配置	5
	1.2.1 Windows 平台下安装和配置 MySQL	5
	1.2.2 Linux 平台下安装 MySQL	16
1.3	MySQL 目录结构	20
1.4	MySQL 的使用	21
	1.4.1 启动 MySQL 服务	21
	1.4.2 登录 MySQL 数据库	22
	1.4.3 MySQL 的相关命令	24
	1.4.4 重新配置 MySQL	27
小结		29
测一测		29

第2章	数据库和表的基本操作	30
2.1	数据库基础知识	30
	2.1.1 创建和查看数据库	30
	2.1.2 修改数据库	32
	2.1.3 删除数据库	32
2.2	数据类型	33
	2.2.1 整数类型	33

2.2.2 浮点数类型和定点数类型 ………………………………………… 34
2.2.3 日期与时间类型 ……………………………………………… 34
2.2.4 字符串和二进制类型 ………………………………………… 36
2.3 数据表的基本操作 …………………………………………………… 39
2.3.1 创建数据表 ……………………………………………………… 39
2.3.2 查看数据表 ……………………………………………………… 40
2.3.3 修改数据表 ……………………………………………………… 42
2.3.4 删除数据表 ……………………………………………………… 47
2.4 表的约束 ……………………………………………………………… 48
2.4.1 主键约束 ………………………………………………………… 48
2.4.2 非空约束 ………………………………………………………… 49
2.4.3 唯一约束 ………………………………………………………… 50
2.4.4 默认约束 ………………………………………………………… 50
2.5 设置表的字段值自动增加 ………………………………………… 51
2.6 索引 …………………………………………………………………… 51
2.6.1 索引的概念 ……………………………………………………… 51
2.6.2 创建索引 ………………………………………………………… 52
2.6.3 删除索引 ………………………………………………………… 67
小结 ………………………………………………………………………… 69
测一测 ……………………………………………………………………… 69

第3章 添加、更新与删除数据 ………………………………………… 70

3.1 添加数据 ……………………………………………………………… 70
3.1.1 为表中所有字段添加数据 …………………………………… 70
3.1.2 为表的指定字段添加数据 …………………………………… 73
3.1.3 同时添加多条记录 …………………………………………… 76
3.2 更新数据 ……………………………………………………………… 78
3.3 删除数据 ……………………………………………………………… 81
小结 ………………………………………………………………………… 86
测一测 ……………………………………………………………………… 86

第4章 单表查询 …………………………………………………………… 87

4.1 简单查询 ……………………………………………………………… 87
4.1.1 SELECT 语句 …………………………………………………… 87
4.1.2 查询所有字段 …………………………………………………… 88
4.1.3 查询指定字段 …………………………………………………… 91
4.2 按条件查询 …………………………………………………………… 92

- 4.2.1 带关系运算符的查询 …………………………………… 92
- 4.2.2 带 IN 关键字的查询 ……………………………………… 94
- 4.2.3 带 BETWEEN AND 关键字的查询 …………………… 95
- 4.2.4 空值查询 …………………………………………………… 96
- 4.2.5 带 DISTINCT 关键字的查询 …………………………… 97
- 4.2.6 带 LIKE 关键字的查询 ………………………………… 100
- 4.2.7 带 AND 关键字的多条件查询 ………………………… 104
- 4.2.8 带 OR 关键字的多条件查询 …………………………… 105
- 4.3 高级查询 ………………………………………………………… 107
  - 4.3.1 聚合函数 ………………………………………………… 107
  - 4.3.2 对查询结果排序 ………………………………………… 110
  - 4.3.3 分组查询 ………………………………………………… 113
  - 4.3.4 使用 LIMIT 限制查询结果的数量 …………………… 115
  - 4.3.5 函数(列表) …………………………………………… 117
- 4.4 为表和字段取别名 ……………………………………………… 119
  - 4.4.1 为表取别名 ……………………………………………… 120
  - 4.4.2 为字段取别名 …………………………………………… 120
- 小结 …………………………………………………………………… 121
- 测一测 ………………………………………………………………… 121

第 5 章 多表操作 …………………………………………………… 122

- 5.1 外键 ……………………………………………………………… 122
  - 5.1.1 什么是外键 ……………………………………………… 122
  - 5.1.2 为表添加外键约束 ……………………………………… 123
  - 5.1.3 删除外键约束 …………………………………………… 125
- 5.2 操作关联表 ……………………………………………………… 126
  - 5.2.1 关联关系 ………………………………………………… 126
  - 5.2.2 添加数据 ………………………………………………… 127
  - 5.2.3 删除数据 ………………………………………………… 128
- 5.3 连接查询 ………………………………………………………… 130
  - 5.3.1 交叉连接 ………………………………………………… 130
  - 5.3.2 内连接 …………………………………………………… 132
  - 5.3.3 外连接 …………………………………………………… 133
  - 5.3.4 复合条件连接查询 ……………………………………… 135
- 5.4 子查询 …………………………………………………………… 136
  - 5.4.1 带 IN 关键字的子查询 ………………………………… 136
  - 5.4.2 带 EXISTS 关键字的子查询 …………………………… 137
  - 5.4.3 带 ANY 关键字的子查询 ……………………………… 137

5.4.4　带 ALL 关键字的子查询 ·················· 138
　　5.4.5　带比较运算符的子查询 ·················· 139
小结 ·· 139
测一测 ··· 139

第 6 章　事务与存储过程 ························ 140

6.1　事务管理 ··· 140
　　6.1.1　事务的概念 ································ 140
　　6.1.2　事务的提交 ································ 143
　　6.1.3　事务的回滚 ································ 144
　　6.1.4　事务的隔离级别 ··························· 145
6.2　存储过程的创建 ································· 156
　　6.2.1　创建存储过程 ······························ 157
　　6.2.2　变量的使用 ································ 159
　　6.2.3　定义条件和处理程序 ····················· 160
　　6.2.4　光标的使用 ································ 163
　　6.2.5　流程控制的使用 ··························· 164
6.3　存储过程的使用 ································· 168
　　6.3.1　调用存储过程 ······························ 168
　　6.3.2　查看存储过程 ······························ 169
　　6.3.3　修改存储过程 ······························ 172
　　6.3.4　删除存储过程 ······························ 173
6.4　综合案例——存储过程应用 ·················· 174
小结 ·· 176
测一测 ··· 176

第 7 章　视图 ·· 177

7.1　视图概述 ··· 177
7.2　视图管理 ··· 178
　　7.2.1　创建视图的语法格式 ····················· 178
　　7.2.2　在单表上创建视图 ························ 179
　　7.2.3　在多表上创建视图 ························ 181
　　7.2.4　查看视图 ···································· 182
　　7.2.5　修改视图 ···································· 185
　　7.2.6　更新视图 ···································· 188
　　7.2.7　删除视图 ···································· 192
7.3　应用案例——视图的应用 ····················· 193

小结 …………………………………………………………………………… 198
测一测 ………………………………………………………………………… 198

第 8 章 数据库的高级操作 ………………………………………………… 199

8.1 数据备份与还原 ………………………………………………………… 199
8.1.1 数据的备份 ……………………………………………………… 199
8.1.2 数据的还原 ……………………………………………………… 202
8.2 用户管理 ………………………………………………………………… 204
8.2.1 user 表 …………………………………………………………… 204
8.2.2 创建普通用户 …………………………………………………… 206
8.2.3 删除普通用户 …………………………………………………… 209
8.2.4 修改用户密码 …………………………………………………… 211
8.3 权限管理 ………………………………………………………………… 215
8.3.1 MySQL 的权限 …………………………………………………… 215
8.3.2 授予权限 ………………………………………………………… 216
8.3.3 查看权限 ………………………………………………………… 217
8.3.4 收回权限 ………………………………………………………… 218
小结 …………………………………………………………………………… 220
测一测 ………………………………………………………………………… 220

第1章

数据库入门

学习目标
- 了解数据库基本知识,可以描述数据库的存储结构和常见的数据库产品
- 了解 MySQL 的安装与配置,学会在 Windows 和 Linux 平台上安装 MySQL
- 掌握 MySQL 的启动、登录以及配置方式

数据库技术是计算机应用领域中非常重要的技术,它产生于20世纪60年代末,是数据管理的最新技术,也是软件技术的一个重要分支。本章重点讲解数据库的基础知识以及 MySQL 的安装与使用。

1.1 数据库基础知识

1.1.1 数据库概述

数据库(Database,DB)是按照数据结构来组织、存储和管理数据的仓库,其本身可看作电子化的文件柜,用户可以对文件中的数据进行增加、删除、修改、查找等操作。需要注意的是,这里所说的数据(Data)不仅包括普通意义上的数字,还包括文字、图像、声音等,也就是说,凡是在计算机中用来描述事物的记录都可称作数据。下面介绍数据库的基本特点。

1. 数据结构化

数据库系统实现了整体数据的结构化,这是数据库的最主要的特征之一。这里所说的"整体"结构化,是指在数据库中的数据不只是针对某个应用,而是面向全组织,面向整体的。

2. 实现数据共享

因为数据是面向整体的,所以数据可以被多个用户、多个应用程序共享使用,可以大幅度地减少数据冗余,节约存储空间,避免数据之间的不相容性与不一致性。

3. 数据独立性高

数据的独立性包含逻辑独立性和物理独立性，其中，逻辑独立性是指数据库中数据的逻辑结构和应用程序相互独立，物理独立性是指数据物理结构的变化不影响数据的逻辑结构。

4. 数据统一管理与控制

数据的统一控制包含安全控制、完整控制和并发控制。简单来说就是防止数据丢失、确保数据的正确有效，并且在同一时间内，允许用户对数据进行多路存取，防止用户之间的异常交互。

大多数初学者认为数据库就是数据库系统（DataBase System，DBS）。其实，数据库系统的范围比数据库大很多。数据库系统是由硬件和软件组成的，其中硬件主要用于存储数据库中的数据，包括计算机、存储设备等。软件主要包括操作系统以及应用程序等。为了让读者更好地理解数据库系统，下面通过一张图来描述数据库系统，如图 1-1 所示。

图 1-1 描述了数据库系统的几个重要部分，如数据库、数据库管理系统、数据库应用程序等，具体解释如下。

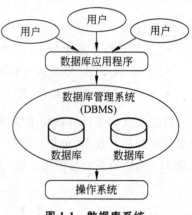

图 1-1 数据库系统

1. 数据库

数据库提供了一个存储空间用来存储各种数据，可以将数据库视为一个存储数据的容器。

2. 数据库管理系统

专门用于创建和管理数据库的一套软件，介于应用程序和操作系统之间，如 MySQL、Oracle、SQL Server、DB2 等。数据库管理系统不仅具有最基本的数据管理功能，还能保证数据的完整性、安全性和可靠性。

3. 数据库应用程序

虽然已经有了数据库管理系统，但在很多情况下，数据库管理系统无法满足用户对数据库的管理。此时，就需要使用数据库应用程序与数据库管理系统进行通信、访问和管理 DBMS 中存储的数据。

1.1.2 数据库存储结构

通过前面的讲解可知，数据库是存储和管理数据的仓库，但数据库并不能直接存储数据，数据是存储在表中的，在存储数据的过程中一定会用到数据库服务器，所谓的数据库服务器就是指在计算机上安装一个数据库管理程序,如 MySQL。数据库、表、数据库服务器之间的关系,如图 1-2 所示。

从图 1-2 可以看出,一个数据库服务器可以管理多个数据库,通常情况下开发人员会针对每个应用创建一个数据库,为保存应用中实体的数据,会在数据库中创建多个表(用于存储和描述数据的逻辑结构),每个表都记录着实体的相关信息。

对于初学者来说,一定很难理解应用中的实体数据是如何存储在表中的,接下来通过一个图例来描述,如图 1-3 所示。

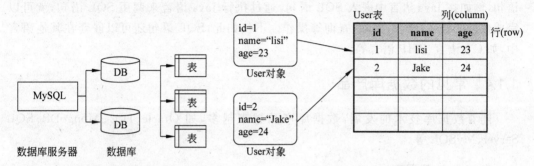

图 1-2　数据库服务器、数据库、表关系图　　　　图 1-3　表中的数据

图 1-3 描述了 User 表的结构以及数据的存储方式,表的横向被称为行,纵向被称为列,每一行的内容被称为一条记录,每一列的列名被称为字段,如 id、name 等。通过观察该表可以发现,User 表中的每一条记录,如 1 lisi 23,实际上就是一个 User 对象。

1.1.3　SQL 语言

SQL(Structured Query Language,结构化查询语言)是一种数据库查询语言和程序设计语言,主要用于管理数据库中的数据,如存取数据、查询数据、更新数据等。SQL 是 IBM 公司于 1975—1979 年之间开发出来的,在 20 世纪 80 年代,SQL 被美国国家标准学会(American National Standards Institute,ANSI)和国际标准化组织(International Organization for Standardization,ISO)定义为关系型数据库语言的标准,它由 4 部分组成,具体如下。

(1) 数据定义语言(Data Definition Language,DDL)。

数据库定义语言主要用于定义数据库、表等,其中包括 CREATE 语句、ALTER 语句和 DROP 语句。CREATE 语句用于创建数据库、数据表等,ALTER 语句用于修改表的定义等,DROP 语句用于删除数据库、删除表等。

(2) 数据操作语言(Data Manipulation Language,DML)。

数据操作语言主要用于对数据库进行添加、修改和删除操作,其中包括 INSERT 语句、UPDATE 语句和 DELETE 语句。INSERT 语句用于插入数据,UPDATE 语句用于修改数据,DELETE 语句用于删除数据。

(3) 数据查询语言(Data Query Language,DQL)。

数据查询语言主要用于查询数据,也就是指 SELECT 语句,使用 SELECT 语句可以查询数据库中的一条数据或多条数据。

（4）数据控制语言（Data Control Language，DCL）。

数据控制语言主要用于控制用户的访问权限，其中包括 GRANT 语句、REVOKE 语句、COMMIT 语句和 ROLLBACK 语句。GRANT 语句用于给用户增加权限，REVOKE 语句用于收回用户的权限，COMMIT 语句用于提交事务，ROLLBACK 语句用于回滚事务。

数据库中的操作都是通过 SQL 语句来完成的，而且在应用程序中也经常使用 SQL 语句，例如在 Java 语言中嵌入 SQL 语句，通过执行 Java 语言来调用 SQL 语句，就可以完成数据的插入、修改、删除、查询等操作。不仅如此，SQL 语句还可以嵌套在其他语言中，如 C♯语言、PHP 语言等。

1.1.4　常见的数据库产品

随着数据库技术的发展，数据库产品越来越多，如 Oracle、DB2、MongoDB、SQL Server、MySQL 等。

1. Oracle 数据库

Oracle 数据库管理系统是由甲骨文（Oracle）公司开发的，在数据库领域一直处于领先地位。目前，Oracle 数据库覆盖了大、中、小型计算机等几十种计算机型，成为世界上使用最广泛的关系型数据管理系统（由二维表及其之间的关系组成的一个数据库）之一。

Oracle 数据库管理系统采用标准的 SQL，并经过美国国家标准技术所（NIST）测试。与 IBM SQL/DS、DB2、INGRES、IDMS/R 等兼容，而且它可以在 VMS、DOS、UNIX、Windows 等操作系统下工作。不仅如此，Oracle 数据库管理系统还具有良好的兼容性、可移植性和可连接性。

2. SQL Server 数据库

SQL Server 是由微软公司开发的一种关系型据库管理系统，它已广泛用于电子商务、银行、保险、电力等行业。

SQL Server 提供了对 XML 和 Internet 标准的支持，具有强大的、灵活的、基于 Web 的应用程序管理功能。而且界面友好、易于操作，深受广大用户的喜爱，但它只能在 Windows 平台上运行，并对操作系统的稳定性要求较高，因此很难处理日益增长的用户数量。

3. DB2 数据库

DB2 数据库是由 IBM 公司研制的一种关系型数据库管理系统，主要应用于 OS/2、Windows 等平台下，具有较好的可伸缩性，可支持从大型计算机到单用户环境。

DB2 支持标准的 SQL，并且提供了高层次的数据利用性、完整性、安全性和可恢复性，以及从小规模到大规模应用程序的执行能力，适合于海量数据的存储，但相对于其他数据库管理系统而言，DB2 的操作比较复杂。

4. MongoDB 数据库

MongoDB 是由 10gen 公司开发的一个介于关系数据库和非关系数据库之间的产品,是非关系数据库当中功能最丰富,最像关系数据库的。它支持的数据结构非常松散,是类似 JSON 的 bjson 格式,因此可以存储比较复杂的数据类型。

Mongo 数据库管理系统最大的特点是它支持的查询语言非常强大,其语法有点类似于面向对象的查询语言,可以实现类似关系数据库单表查询的绝大部分功能,而且还支持对数据建立索引。不仅如此,它还是一个开源数据库,并且具有高性能、易部署、易使用、存储数据非常方便等特点。对于大数据量、高并发、弱事务的互联网应用,MongoDB 完全可以满足 Web 2.0 和移动互联网的数据存储需求。

5. MySQL 数据库

MySQL 数据库管理系统是由瑞典的 MySQL AB 公司开发的,但是几经辗转,现在是 Oracle 产品。它是以"客户/服务器"模式实现的,是一个多用户、多线程的小型数据库服务器。而且 MySQL 是开源数据的,任何人都可以获得该数据库的源代码并修正 MySQL 的缺陷。

MySQL 具有跨平台的特性,它不仅可以在 Windows 平台上使用,还可以在 UNIX、Linux 和 Mac OS 等平台上使用。相对其他数据库而言,MySQL 的使用更加方便、快捷,而且 MySQL 是免费的,运营成本低,因此,越来越多的公司开始使用 MySQL。

1.2 MySQL 安装与配置

MySQL 数据库支持多个平台,不同平台下的安装和配置的过程也不相同。本节重点讲解如何在 Windows 平台和 Linux 平台下安装和配置 MySQL。

1.2.1 Windows 平台下安装和配置 MySQL

基于 Windows 平台的 MySQL 安装文件有两个版本,一种是以 .msi 作为后缀名的二进制分发版,一种是以 .zip 作为后缀的压缩文件。其中 .msi 的安装文件提供了图形化的安装向导,按照向导提示进行操作即可完成安装,.zip 的压缩文件直接解压就可以完成 MySQL 的安装。接下来以 MySQL 5.5 为例,讲解如何使用二进制分发版在 Windows 平台上安装和配置 MySQL。

1. 安装 MySQL

(1) 针对不同的操作系统,MySQL 提供了多个版本的安装文件,初学者可以到 http://dev.mysql.com/downloads/mysql/#downloads 网站下载版本为 5.5 的 MySQL 安装文件(二进制分发版)。下载完毕后,双击安装文件进行安装。此时,会弹出 MySQL 安装向导界面,如图 1-4 所示。

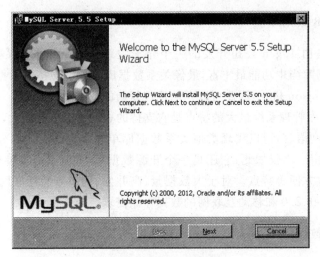

图 1-4　安装向导界面

（2）单击图 1-4 中的 Next 按钮进行下一步操作，此时会显示用户许可协议界面，如图 1-5 所示。

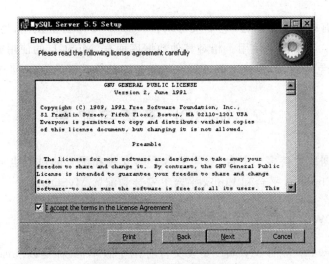

图 1-5　用户许可协议界面

（3）选中图 1-5 中的 I accept the terms in the License Agreement 复选框，单击 Next 按钮进行下一步操作，此时会进入选择安装类型界面，如图 1-6 所示。

在图 1-6 所示的界面中，列出了三种安装类型，关于这三种类型的具体讲解如下所示。

① Typical（典型安装）：只安装 MySQL 服务器、MySQL 命令行客户端和命令行使用程序。

② Custom（定制安装）：选择想要安装的软件和安装路径。

③ Complete（完全安装）：安装软件包内的所有组件。

（4）为了熟悉安装过程，可选择定制安装，单击 Next 按钮进入定制安装界面，如图 1-7 所示。

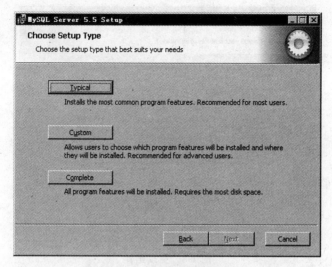

图 1-6　选择安装类型界面

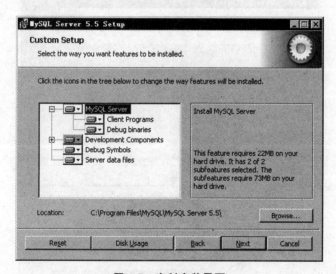

图 1-7　定制安装界面

默认情况下，MySQL 的安装目录为"C:\Program Files\MySQL\MySQL Server 5.5"，这里使用的是默认的安装目录。如果想要更改 MySQL 的安装目录可以单击右侧的 Browse 按钮。

图 1-7 中所有组件的安装目录也是可以更改的，只需单击组件右侧的下拉列表并从中选择新的选项即可，如图 1-8 所示。

图 1-8 中，MySQL Server 组件的下拉列表中有 4 个选项，可以根据具体情况进行选择，这里不对这些组件的安装目录进行修改，直接使用默认的设置。

（5）直接单击图 1-7 中的 Next 按钮，进入准备安装界面，如图 1-9 所示。

（6）单击图 1-9 中的 Install 按钮，开始安装 MySQL。此时可以看到安装的进度，当 MySQL 安装完成后就会显示 MySQL 简介，如图 1-10 所示。

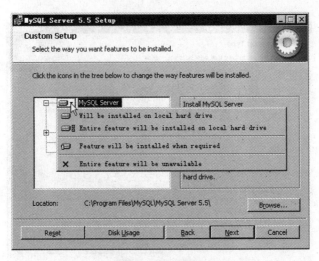

图 1-8 更改组件

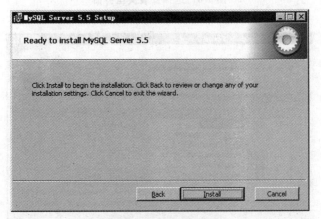

图 1-9 准备安装界面

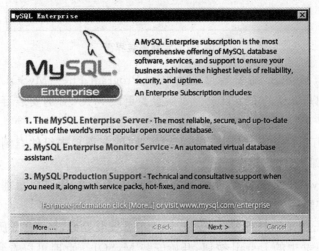

图 1-10 MySQL 介绍

(7) 在图 1-10 中,如果单击左下角的 More 按钮,就会在浏览器中打开一个介绍 MySQL 相关知识的页面,如果单击 Next 按钮,就会进入下一个介绍页面,如图 1-11 所示。

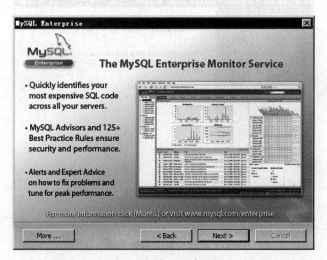

图 1-11 MySQL 介绍

(8) 单击图 1-11 中的 Next 按钮,此时会显示 MySQL 的安装完成界面,如图 1-12 所示。

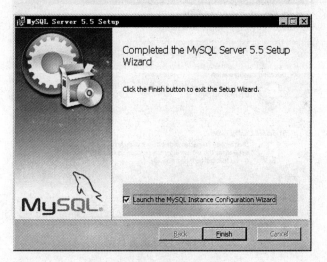

图 1-12 安装完成界面

至此,便完成了 MySQL 的安装。需要注意的是,图 1-12 界面中的 Launch the MySQL Instance Configuration Wizard 复选框用于开启 MySQL 配置向导,如果此时选中该复选框,然后单击 Finish 按钮,就会进入 MySQL 配置向导界面,开始配置 MySQL。

2. 配置 MySQL

(1) MySQL 安装完成后,还需要进行配置。可以在 MySQL 安装目录下的 bin 目录中双击 MySQLInstanceConfig.exe 文件启动配置向导,也可以选中图 1-12 中的 Launch

the MySQL Instance Configuration Wizard 复选框，单击 Finish 按钮来启动配置向导，如图 1-13 所示。

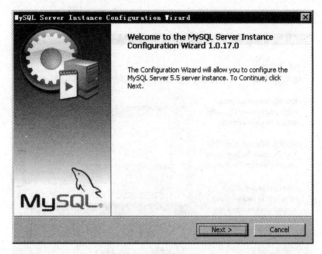

图 1-13　配置向导介绍

（2）单击图 1-13 中的 Next 按钮，进入选择配置类型界面，如图 1-14 所示。

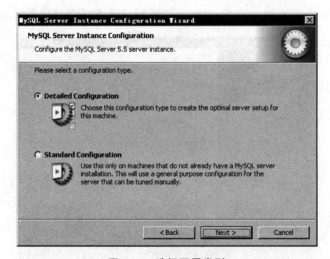

图 1-14　选择配置类型

如图 1-14 所示的界面，有两种配置类型可以选择，关于这两种配置类型的具体讲解如下所示。

① Detailed Configuration（详细配置）：该选项适合想要详细配置服务器的高级用户。

② Standard Configuration（标准配置）：该选项适合想要快速启动 MySQL 而不必考虑服务器配置的用户。

（3）为了更好地学习 MySQL 配置过程，在此选择 Detailed Configuration 选项。单击 Next 按钮，进入服务器类型界面，在该界面中可以选择三种服务器类型，选择哪种服务器类型将直接影响到 MySQL Configuration Wizard(配置向导)对内存、硬盘和过程或使用的决策,如图 1-15 所示。

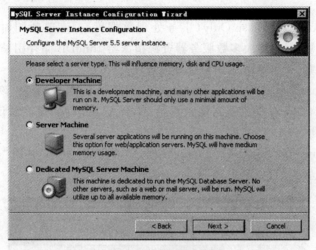

图 1-15　服务器类型

在图 1-15 中,有三个服务器类型选项,关于这三个选项的具体讲解如下所示。

① Developer Machine(开发者类型):该类型消耗的内存资源最少,主要适用于软件开发者,而且也是默认选项,建议一般用户选择该项。

② Server Machine(服务器类型):该类型占用的内存资源稍多一些,主要用作服务器的机器可以选择该项。

③ Dedicated MySQL Server Machine(专用 MySQL 服务器):该类型占用所有的可用资源,消耗内存最大。专门用来作数据库服务器的机器可以选择该项。

(4) 由于我们使用 MySQL 进行软件开发工作,因此选择 Developer Machine 选项。单击图 1-15 中的 Next 按钮进入数据库用途界面,如图 1-16 所示。

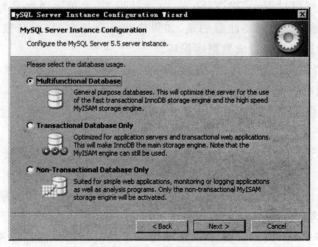

图 1-16　数据库用途界面

① Multifunctional Database(多功能数据库)：该选项同时使用 InnoDB 和 MyISAM 储存引擎，并在两个引擎之间平均分配资源。建议经常使用两个储存引擎的用户选择该选项。

② Transactional Database Only(事务处理数据库)：该选项同时使用 InnoDB 和 MyISAM 储存引擎，但是将大多数服务器资源指派给 InnoDB 储存引擎。建议主要使用 InnoDB 只偶尔使用 MyISAM 的用户选择该选项。

③ Non-Transactional Database Only(非事务处理数据库)：该选项完全禁用 InnoDB 储存引擎，将所有服务器资源指派给 MyISAM 储存引擎。建议不使用 InnoDB 的用户选择该选项。

(5) 选择 Multifunctional Database 数据库，单击图 1-16 中的"Next"按钮进入 InnoDB 表空间配置界面，如图 1-17 所示。

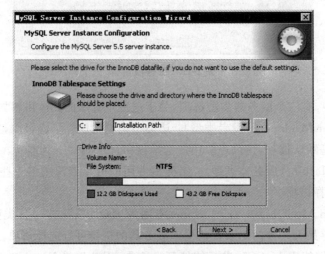

图 1-17 表空间设置界面

在图 1-17 中可以对 InnoDB Tablespace 进行配置，简单来说就是为 InnoDB 数据库文件选择一个存储空间。需要注意的是，如果修改了存储空间，重装数据库的时候要选择相同的位置，否则可能会造成数据库损坏。

(6) 在此选择默认位置就可以，直接单击"Next"按钮，进入设置服务器最大并发连接数量(也就是同时访问 MySQL 的最大数量)界面，如图 1-18 所示。

图 1-18 中提供了三个选项用于设置服务器最大并发连接量，关于这三个选项的具体讲解如下所示。

① Decision Support(DSS)/OLAP(决策支持)：如果服务器不需要大量的并发连接可以选择该选项。假设最大连接数目设置为 100，则平均并发连接数为 20。

② Online Transaction Processing(OLTP)(联机事务处理)：如果服务器需要大量的并发连接则选择该选项，最大连接数设置为 500。

③ Manual Setting(人工设置)：该选项可以手动设置服务器并发连接的最大数目，默认连接数量为 15。

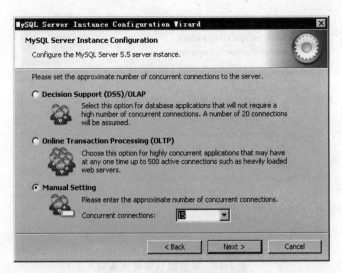

图 1-18　并发连接数量设置

（7）在此选择 Manual Setting 选项，并使用默认连接数量 15，单击 Next 按钮进入设置网络界面，如图 1-19 所示。

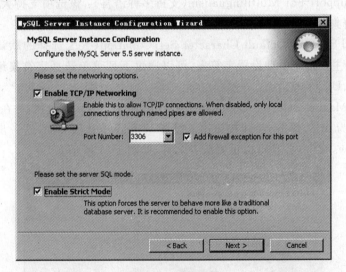

图 1-19　网络设置

从图 1-19 中可以看出，MySQL 默认情况下启动 TCP/IP 网络，端口号为 3306，如果不想使用这个端口号，也可以通过下拉列表框更改，但必须保证端口号没被占用。Add firewall exception for this port 复选框用来在防火墙上注册这个端口号，在这里选择该选项。Enable Strict Mode 复选框用来启动 MySQL 标准模式，这样 MySQL 就会对输入的数据进行严格的检查，不允许出现微小的语法错误。

（8）单击图 1-19 中的 Next 按钮，进入设置 MySQL 默认字符集编码界面，如图 1-20 所示。

在图 1-20 中，有三个设置字符集编码的选项，关于这三个选项的具体讲解如下所示。

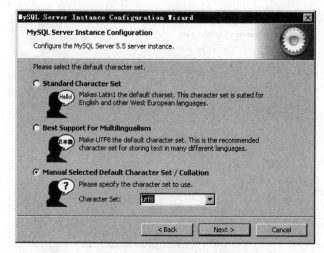

图 1-20 设置默认字符集编码

① Standard Character Set(标准字符集)：该选项是一个默认的字符集，支持英文和许多西欧语言，默认值为 Latin1。

② Best Support For Multilingualism(支持多种语言)：该选项支持大部分语言的字符集，默认字符集为 UTF8。

③ Manual Selected Default Character Set/Collation(人工选择的默认字符集/校对规则)：该选项主要用于手动设置字符集，可以通过下列菜单选择字符集编码，其中包含 GBK、GB2312、UTF8 等。

(9) 选择 Manual Selected Default Character Set/Collation 选项，并在该选项中将字符集编码设置为 utf8，单击 Next 按钮进入设置 Windows 选项界面，这一步会将 MySQL 安装为 Windows 服务，并且可以设置服务名称，如图 1-21 所示。

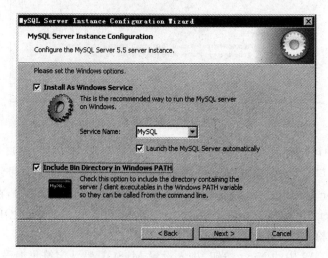

图 1-21 设置 Windows 服务

在如图 1-21 所示的界面中提供了多个选项，关于这些选项的具体讲解如下所示。

① Install As Windows Service 复选框：可以将 MySQL 安装为 Windows 服务。
② Service Name 下拉列表：可以选择服务名称，也可以自己输入。
③ Launch the MySQL Server Automatically 复选框：可以让 Windows 启动之后 MySQL 也自动启动。
④ Include Bin Directory in Windows PATH 复选框：可以将 MySQL 的 bin 目录添加到环境变量 PATH 中，这样在命令行窗口中，就可以直接使用 bin 目录下的文件。

（10）在此，将所有的选项全部选中，单击 Next 按钮进入安全设置界面，如图 1-22 所示。

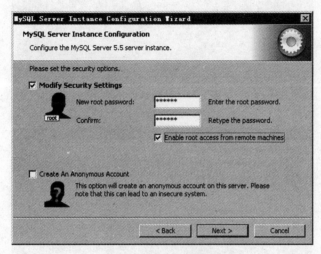

图 1-22　安全设置界面

图 1-22 的安全设置界面中，同样提供了多个选项，关于这些选项的具体讲解如下所示。

① Modify Security Settings 复选框：用来询问是否要修改 root 用户的密码（默认为空）。

② New root password 和 Confirm 选项：用来输入新密码并且确认新的密码，在此将 root 用户的密码设置为 itcast。

③ Enable root access from remote machines 复选框：是否允许 root 用户在其他机器上登录，如果考虑安全性，就不要选择该项，如果考虑方便性，就选择该项。

④ Create An Anonymous Account 复选框：用来新建一个匿名用户，匿名用户可以连接数据库，但不能操作数据。创建匿名用户会降低服务器的安全，因此建议不要选择该项。

（11）安全设置完成后，单击图 1-22 中的 Next 按钮，进入准备执行配置界面，如图 1-23 所示。

（12）如果对上述设置确认无误，就可以单击图 1-23 中的 Execute 按钮，让 MySQL 配置向导执行一系列任务进行配置，配置完成后，则会显示相关的概要信息，如图 1-24 所示。

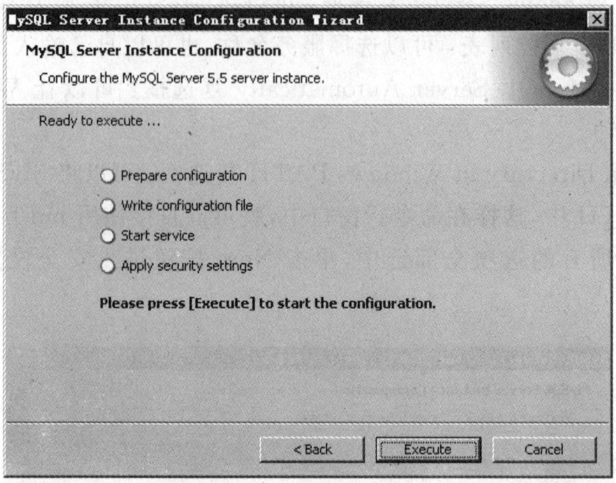

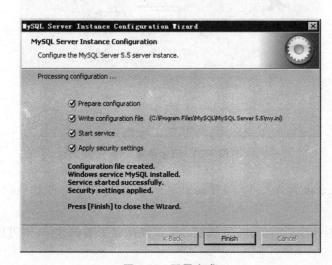

图 1-23　准备执行界面

图 1-24　配置完成

单击图 1-24 中的 Finish 按钮完成 MySQL 的配置并退出 MySQL Configuration Wizard(配置向导)。

需要注意的是,如果要卸载 MySQL,应尽量使用工具软件,如 360 电脑管家、金山电脑管家等,在卸载完 MySQL 后直接进行垃圾清理,清理注册表,否则下次安装 MySQL 可能失败,因为 MySQL 在卸载的过程中,不能自动删除相关的安装信息。

1.2.2　Linux 平台下安装 MySQL

Linux 操作系统有多个版本,如 Ubuntu、CentOS、Red Hat 等,其中 Ubuntu 比较适合个人使用,类似于 Windows 系统,CentOS、Red Hat 都是用于服务器,并且 CentOS 是基于 Red Hat 再编译的,这两个版本都很稳定,但由于 Red Hat 的技术支持和更新都是收费的,因此,本节以 CentOS 版本为例来讲解如何在 Linux 平台下安装 MySQL。

基于 Linux 平台的 MySQL 安装文件有三个版本，分别是 RPM 软件包、Generic Binaries 软件包、源码包，具体介绍如下。

（1）RPM 软件包是一种 Linux 平台下的安装文件，通过相关命令可以很方便地安装与卸载。该软件包分为两个：服务器端和客户端，需要分别下载和安装。在安装时首先需要安装服务器端，然后再安装客户端。

（2）Generic Binariesr 软件包是一个二进制软件包，经过编译生成二进制文件的软件包。

（3）源码包是 MySQL 数据库的源代码，用户需要自己编译生成二进制文件后才能安装。

MySQL 官方推荐在 Linux 平台下使用 RPM 软件包安装 MySQL，接下来就演示一下如何使用 RPM 软件包来安装 MySQL。

1. 下载 RPM 安装包

首先到 MySQL 的官方网站 http://dev.mysql.com/downloads/mysql/5.5.html#downloads，下载 RPM 安装包，RPM 安装包分为 MySQL 服务端和客户端，本教材使用的 RPM 软件包的版本为：

```
MySQL-server-5.5.31-2.el6.i686.rpm
MySQL-client-5.5.31-2.el6.i686.rpm
```

2. 检查是否安装过 MySQL

在安装之前，首先要检查当前系统是否已经安装了 MySQL，否则在安装时可能产生冲突。具体的查看命令如下所示：

```
rpm -qa | grep mysql
```

上述命令中的"rpm"是一个功能强大的包管理命令，它可以建立、安装、请求、确认和卸载软件包。-qa 命令用于列出查找的相应文件，它和 | grep mysql 组合在一起就是用于显示所有名称中包含 mysql 字符的 rpm 包。

执行完上述命令后，如果出现 MySQL 的相关信息，例如 mysql-libs-5.1.66-2.el6_3.i686 就说明当前系统已经安装了 MySQL，此时，如果希望卸载该版本的 MySQL，可以使用以下命令：

```
rpm -e mysql-libs-5.1.66-2.el6_3.i686 --nodeps
```

上述命令中的-e 表示卸载，"mysql-libs-5.1.66-2.el6_3.i686"表示要卸载的文件，nodeps 表示忽略所有的依赖关系，进行强制卸载。

3. 安装 MySQL 服务端和客户端

接下来将 MySQL 安装包放在 Linux 系统的 Downloads 目录下，然后进入

Downloads 目录,在该目录中安装 MySQL 服务端,具体命令如下:

```
rpm -ivh MySQL-server-5.5.31-2.el6.i686.rpm
```

上述命令中,-ivh 命令的 i 表示将安装指定的 RMP 软件包,v 表示安装时的详细信息,h 表示在安装期间出现"#"符号来显示当前的安装过程,MySQL-server-5.5.31-2.el6.i686.rpm 就是安装的 MySQL 软件包。

MySQL 的服务端安装成功后,接下来还需安装 MySQL 的客户端。在安装客户端时需要输入如下命令:

```
rpm -ivh MySQL-client-5.5.31-2.el6.i686.rpm
```

上述命令执行成功后,MySQL 客户端就安装完成了。

4. 启动 MySQL 服务

MySQL 安装完成后,要想使用 MySQL 服务端,还需要启动 MySQL 服务,具体命令如下:

```
service mysql start
```

上述命令用于开启 MySQL 服务,值得一提的是,MySQL 的服务命令实际上有 4 个参数,这 4 个参数分别代表不同的意义,具体如下。

(1) start:启动服务。
(2) stop:停止服务。
(3) restart:重启服务。
(4) status:查看服务状态。

5. 操作 MySQL

1) 设置 MySQL 登录密码

MySQL 刚安装完成是没有密码的,为了操作安全需要给 root 用户设置一个登录密码,具体命令如下:

```
mysql_secure_installation
```

上述命令执行成功后,会出现如下信息:

```
[root@localhost Downloads]# mysql_secure_installation

NOTE: RUNNING ALL PARTS OF THIS SCRIPT IS RECOMMENDED FOR ALL MySQL
      SERVERS IN PRODUCTION USE! PLEASE READ EACH STEP CAREFULLY!

In order to log into MySQL to secure it, we'll need the current
```

```
password for the root user. If you've just installed MySQL, and
you haven't set the root password yet, the password will be blank,
so you should just press enter here.

Enter current password for root (enter for none):
```

上述信息中最后一行提示输入 root 用户的密码，在此输入 itcast 作为 root 用户的密码。需要注意的是，输入的密码在命令窗口中并不显示，因此一定要小心不要输错。

2）登录 MySQL

以上步骤全部完成后，可以通过刚才设置的密码登录 MySQL 数据库，具体命令如下：

```
mysql -uroot -pitcast
```

上述命令中的-u 后面用于输入用户名，-p 后面用于输入用户的登录密码。该命令的执行结果如下：

```
[root@localhost Downloads]# mysql -uroot -pitcast
Welcome to the MySQL monitor.  Commands end with ; or \g.
Your MySQL connection id is 7
Server version: 5.5.31 MySQL Community Server (GPL)

Copyright (c) 2000, 2013, Oracle and/or its affiliates. All rights reserved.

Oracle is a registered trademark of Oracle Corporation and/or its
affiliates. Other names may be trademarks of their respective
owners.

Type 'help;' or '\h' for help. Type '\c' to clear the current input statement.

mysql>
```

从上述信息可以看出，已经登录成功，此时就可以对 MySQL 数据库进行操作了。接下来测试一下是否可以操作数据库，输入"show databases"命令查询 MySQL 数据库，显示的信息如下：

```
mysql> show databases;
+--------------------+
| Database           |
+--------------------+
| information_schema |
| mysql              |
| performance_schema |
```

```
| test               |
+--------------------+
4 rows in set (0.00 sec)
```

从上述信息可以看出，使用 SQL 语句可以操作数据库了，并且可以看到 MySQL 自带了 4 个数据库。

1.3 MySQL 目录结构

MySQL 安装完成后，会在磁盘上生成一个目录，该目录被称为 MySQL 的安装目录。在 MySQL 的安装目录中包含启动文件、配置文件、数据库文件和命令文件等，具体如图 1-25 所示。

图 1-25 MySQL 安装目录

为了让初学者更好地学习 MySQL，下面对 MySQL 的安装目录进行详细讲解。

（1）bin 目录：用于放置一些可执行文件，如 mysql.exe、mysqld.exe、mysqlshow.exe 等。

（2）data 目录：用于放置一些日志文件以及数据库。

（3）include 目录：用于放置一些头文件，如 mysql.h、mysqld_ername.h 等。

（4）lib 目录：用于放置一系列的库文件。

（5）share 目录：用于存放字符集、语言等信息。

（6）my.ini：是 MySQL 数据库中使用的配置文件。

（7）my-huge.ini：适合超大型数据库的配置文件。

（8）my-large.ini：适合大型数据库的配置文件。

(9) my-medium. ini：适合中型数据库的配置文件。

(10) my-small. ini：适合小型数据库的配置文件。

(11) my-template. ini：是配置文件的模板，MySQL 配置向导将该配置文件中选择项写入到 my. ini 文件。

(12) my-innodb-heavy-4G. ini：表示该配置文件只对于 InnoDB 存储引擎有效，而且服务器的内存不能小于 4GB。

需要注意的是，在上述 7 个配置文件中，my. ini 是 MySQL 正在使用的配置文件，该文件是一定会被读取的，其他的配置文件都是适合不同数据库的配置文件的模板，会在某些特殊情况下被读取，如果没有特殊需求，只需配置 my. ini 文件即可。

1.4　MySQL 的使用

1.4.1　启动 MySQL 服务

MySQL 安装完成后，需要启动服务进程，否则客户端无法连接数据库。在前面的配置过程中，已经将 MySQL 安装为 Windows 服务，当 Windows 启动时 MySQL 服务也会随着启动，然而有时需要手动控制 MySQL 服务的启动与停止，此时可以通过两种方式来实现。

1. 通过 Windows 服务管理器启动 MySQL 服务

通过 Windows 的服务管理器可以查看 MySQL 服务是否开启，首先单击“开始”菜单，在弹出的菜单中选择“运行”命令，打开“运行”对话框输入 services. msc 命令，单击“确定”按钮，此时就会打开 Windows 的服务管理器，如图 1-26 所示。

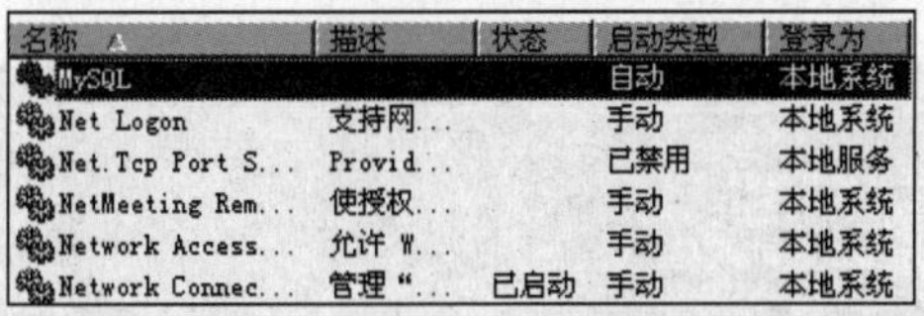

名称	描述	状态	启动类型	登录为
MySQL			自动	本地系统
Net Logon	支持网...		手动	本地系统
Net.Tcp Port S...	Provid...		已禁用	本地服务
NetMeeting Rem...	使授权...		手动	本地系统
Network Access...	允许 W...		手动	本地系统
Network Connec...	管理 “...	已启动	手动	本地系统

图 1-26　Windows 服务管理器

从图 1-26 可以看出，MySQL 服务没有启动，此时可以直接双击 MySQL 服务项打开属性对话框，通过单击“启动”按钮来修改服务的状态，如图 1-27 所示。

图 1-27 中有一个启动类型的选项，该选项有三种类型可供选择，具体如下。

(1) 自动：通常与系统有紧密关联的服务才必须设置为自动，它就会随系统一起启动。

(2) 手动：服务不会随系统一起启动，直到需要时才会被激活。

(3) 已禁用：服务将不再启动，即使是在需要它时，也不会被启动，除非修改为上面两种类型。

针对上述三种情况，初学者可以根据实际需求进行选择，在此建议选择“自动”或者

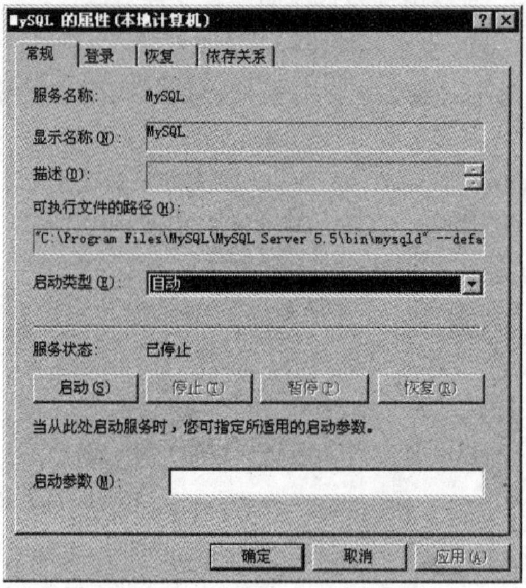

图 1-27　MySQL 属性对话框

"手动"。

2. 通过 DOS 命令启动 MySQL 服务

启动 MySQL 服务不仅可以通过 Windows 服务管理器启动,还可以通过 DOS 命令来启动。通过 DOS 命令启动 MySQL 服务的具体命令如下:

```
net start mysql
```

执行完上述命令,显示的结果如图 1-28 所示。

图 1-28　启动 MySQL 服务

DOS 命令行不仅可以启动 MySQL 服务,还可以停止 MySQL 服务,具体命令如下:

```
net stop mysql
```

执行完上述命令,显示的结果如图 1-29 所示。

1.4.2　登录 MySQL 数据库

启动 MySQL 服务,即可通过客户端登录 MySQL 数据库。Windows 操作系统下登

图 1-29 停止 MySQL 服务

录 MySQL 数据库的方式有两种,具体如下。

1. 使用相关命令登录

登录 MySQL 数据库可以通过 DOS 命令完成,具体命令如下:

```
mysql -h hostname -u username -p
```

在上述命令中,mysql 为登录命令,-h 后面的参数是服务器的主机地址,由于客户端和服务器在同一台机器上,因此输入 localhost 或者 IP 地址 127.0.0.1 都可以,如果是本地登录可以省略该参数,-u 后面的参数是登录数据库的用户名,这里为 root,-p 后面是登录密码,接下来就在命令行窗口中输入如下命令:

```
mysql -h localhost -u root -p
```

此时,系统会提示输入密码 Enter password,只需输入配置好的密码 itcast,验证成功后即可登录到 MySQL 数据库,登录成功后的界面如图 1-30 所示。

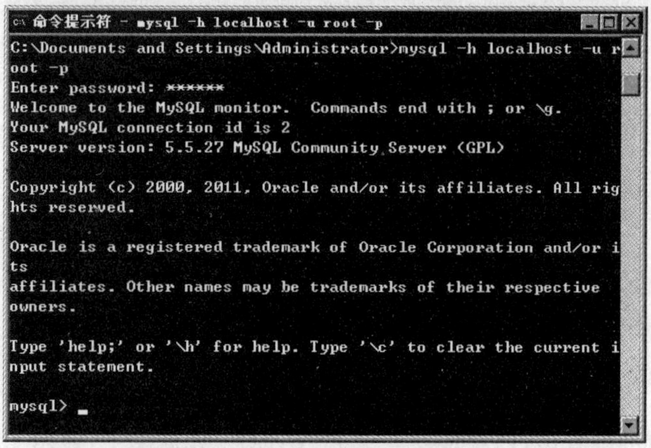

图 1-30 登录 MySQL 数据库

从图 1-30 可以看出,登录成功了,还可以使用直接在上述命令的-p 参数后面添加密码,使用这种方式登录,而且由于是本地登录,还可以省略语句主机名,具体语句如下:

```
mysql -u root -pitcast
```

重新开启一个命令行窗口,使用上述语句登录 MySQL,结果如图 1-31 所示。

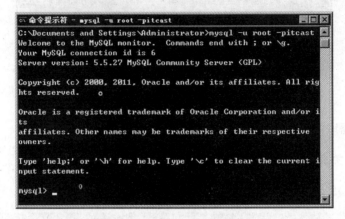

图 1-31 登录 MySQL 数据库

2. 使用 MySQL Command Line Client 登录

使用 DOS 命令登录 MySQL 相对比较麻烦,而且命令中的参数容易忘记,因此可以通过一种简单的方式来登录 MySQL,该方式需要记住 MySQL 的登录密码。在"开始"菜单中依次选择"程序"→MySQL→MySQL Server 5.5→MySQL 5.5 Command Line Client 命令打开 MySQL 命令行客户端窗口,此时就会提示输入密码,密码输入正确后便可以登录到 MySQL 数据库,如图 1-32 所示。

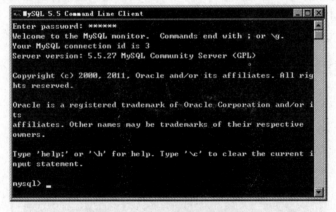

图 1-32 登录 MySQL 数据库

从图 1-32 中可以看出,已经成功登录到 MySQL 数据库了,显示了 MySQL 的相关信息。

1.4.3 MySQL 的相关命令

对于初学者来说,一定不知道如何使用 MySQL 数据库,因此需要查看 MySQL 的帮助信息,首先登录到 MySQL 数据库,然后在命令行窗口中输入"help;"或者\h 命令,此时就会显示 MySQL 的帮助信息，如图 1-33 所示。

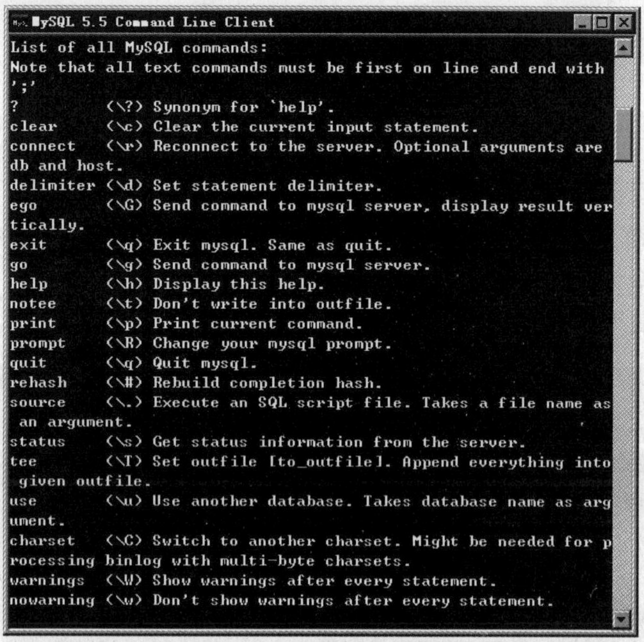

图 1-33　MySQL 相关命令

图 1-33 中列出了 MySQL 的所有命令，这些命令既可以使用一个单词来表示，也可以通过"\字母"的方式来表示，为了让初学者更好地掌握 MySQL 相关命令，接下来，通过一张表列举 MySQL 中的常用命令，如表 1-1 所示。

表 1-1　MySQL 相关命令

命令	简写	具体含义
?	(\?)	显示帮助信息
clear	(\c)	清除当前输入语句
connect	(\r)	连接到服务器，可选参数为数据库和主机
delimiter	(\d)	设置语句分隔符
ego	(\G)	发送命令到 MySQL 服务器，并显示结果
exit	(\q)	退出 MySQL
go	(\g)	发送命令到 MySQL 服务器
help	(\h)	显示帮助信息
notee	(\t)	不写输出文件
print	(\p)	打印当前命令
prompt	(\R)	改变 MySQL 提示信息
quit	(\q)	退出 MySQL
rehash	(\#)	重建完成散列
source	(\.)	执行一个 SQL 脚本文件，以一个文件名作为参数
status	(\s)	从服务器获取 MySQL 的状态信息
tee	(\T)	设置输出文件（输出文件），并将信息添加到所有给定的输出文件

续表

命令	简写	具体含义
use	(\u)	用另一个数据库,数据库名称作为参数
charset	(\C)	切换到另一个字符集
warnings	(\W)	每一个语句之后显示警告
nowarning	(\w)	每一个语句之后不显示警告

表 1-1 中的命令都用于操作 MySQL 数据库,为了让初学者更好地使用这些命令,接下来以\s、\u 命令为例进行演示,具体如下。

【例 1-1】 使用\s 命令查看数据库信息,结果如下:

```
mysql> \s
--------------
C:\Program Files\MySQL\MySQL Server 5.5\bin\mysql.exe Ver 14.1
4 Distrib 5.5.27, for Win32 (x86)

Connection id:          3
Current database:
Current user:           root@localhost
SSL:                    Not in use
Using delimiter:        ;
Server version:         5.5.27 MySQL Community Server (GPL)
Protocol version:       10
Connection:             localhost via TCP/IP
Server characterset:    utf8
Db characterset:        utf8
Client characterset:    utf8
Conn. characterset:     utf8
TCP port:               3306
Uptime:                 42 min 38 sec

Threads: 1 Questions: 6 Slow queries: 0 Opens: 33 Flush tab
les: 1 Open tables: 0 Queries per second avg: 0.002
--------------
```

从上述信息可以看出,使用\s 命令显示了 MySQL 当前的版本、字符集编码以及端口号等信息。需要注意的是,上述信息中有 4 个字符集编码,其中 Server characterset 为数据库服务器的编码、Db characterset 为数据库的编码、Client characterset 为客户端的编码、Conn. characterset 为建立连接使用的编码。

【例 1-2】 使用\u 命令切换数据库,如下所示。

MySQL 5.5 自带了 4 个数据库,如果要操作其中某一个数据库 test,首先需要使用\u 命令切换到当前数据库,执行结果如下所示:

```
mysql> \u test
Database changed
mysql>
```

从上述命令的执行结果(Database changed)可以看出,当前操作的数据库被切换为 test。

1.4.4 重新配置 MySQL

在前面的章节中,已经通过配置向导对 MySQL 进行了相应配置,但在实际应用中某些配置可能不符合需求,就需要对其进行修改。修改 MySQL 的配置有两种方式,具体如下。

1. 通过 DOS 命令重新配置 MySQL

在命令行窗口中配置 MySQL 是很简单的,接下来就演示如何修改 MySQL 客户端的字符集编码,首先登录到 MySQL 数据库,在该窗口中使用如下命令:

```
set character_set_client =gbk
```

执行完上述命令后,命令行窗口显示的结果如下:

```
mysql> set character_set_client =gbk
Query OK, 0 rows affected (0.00 sec)
```

上述信息中显示 Query OK 就说明当前命令执行成功了,此时可以使用\s 命令进行查看,如图 1-34 所示。

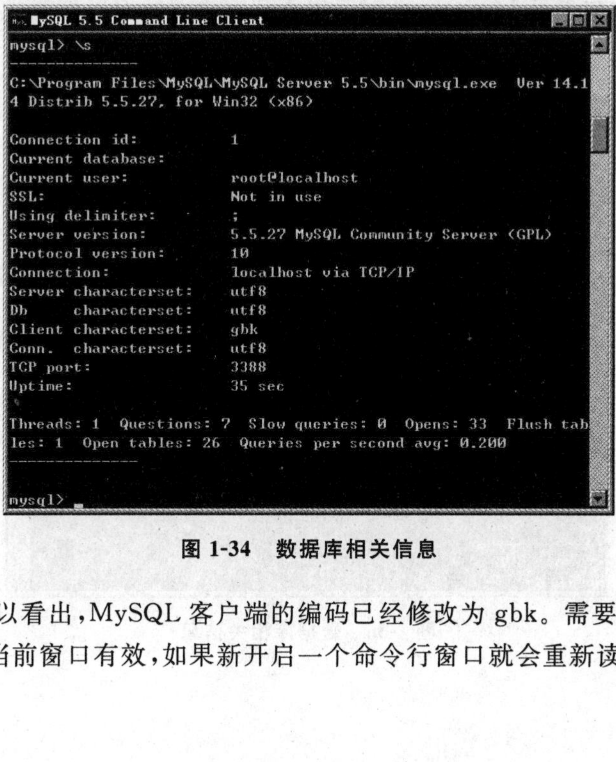

图 1-34 数据库相关信息

从图 1-34 可以看出,MySQL 客户端的编码已经修改为 gbk。需要注意的是,这种方式的修改只针对当前窗口有效,如果新开启一个命令行窗口就会重新读取 my.ini 配置文件，因此只适用于暂时需要改变编码的情况。

2. 通过 my.ini 文件重新配置 MySQL

如果想让修改的编码长期有效，就需要在 my.ini 配置文件中进行配置，首先打开 my.ini 文件，如图 1-35 所示。

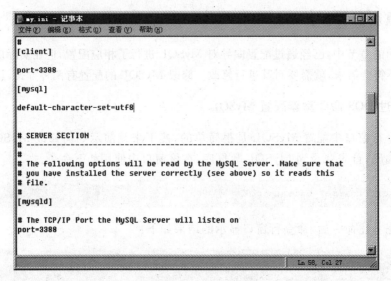

图 1-35　my.ini

在图 1-35 中，可以看到客户端的编码是通过"default-character-set＝utf8"语句配置的，如果想要修改客户端的编码，可以直接将该语句中的 utf8 替换为 gbk 即可，然后重新开启一个命令行窗口登录 MySQL，此时可以看到客户端的编码修改成功了，而且建立数据库连接的编码也被修改为 gbk，如图 1-36 所示。

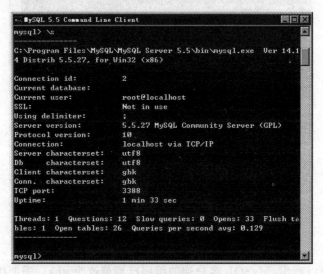

图 1-36　数据库相关信息

小　结

本章主要讲解数据库的基础知识、MySQL 的安装与配置以及 MySQL 的使用。通过本章的学习，希望初学者真正掌握 MySQL 数据库的基础知识，并且学会在 Windows 和 Linux 平台上安装与配置 MySQL，为后面章节的学习奠定扎实的基础。

测　一　测

1. 请简述数据库、表和数据库服务器之间的关系。
2. 简述修改 MySQL 配置的两种方式。

扫描右方二维码，查看思考题答案。

第 2 章 数据库和表的基本操作

学习目标

- 掌握数据库的基本操作，会对数据库进行增删改查操作
- 掌握数据表的基本操作，会对数据表进行增删改查操作
- 了解数据类型，学会 SQL 语句中不同类型数据的表示方式
- 掌握表的约束，学会使用不同的约束来操作表
- 掌握索引的作用，会创建和删除索引

在软件开发中，必然会使用数据库和数据表。学会数据库和数据表的基本操作，可以轻松实现数据的管理。本章将针对数据库和数据表的基本操作进行详细的讲解。

2.1 数据库基础知识

2.1.1 创建和查看数据库

MySQL 安装完成后，要想将数据存储到数据库的表中，首先要创建一个数据库。创建数据库就是在数据库系统中划分一块存储数据的空间。在 MySQL 中，创建数据库的基本语法格式如下所示：

```
CREATE DATABASE 数据库名称;
```

在上述语法格式中，"CREATE DATABASE"是固定的 SQL 语句，专门用来创建数据库。"数据库名称"是唯一的，不可重复出现。

【例 2-1】 创建一个名称为 itcast 的数据库，SQL 语句如下所示：

```
CREATE DATABASE itcast;
```

执行结果如下所示：

```
mysql> CREATE DATABASE itcast;
Query OK, 1 row affected (0.08 sec)
```

如果看到上述运行结果,说明 SQL 语句执行成功了。为了验证数据库系统中是否创建了名称为 itcast 的数据库,需要查看数据库。在 MySQL 中,查看数据库的 SQL 语句如下所示:

```
SHOW DATABASES;
```

【例 2-2】 使用 SHOW 语句查看已经存在的数据库,执行结果如下所示:

```
mysql> SHOW DATABASES;
+--------------------+
| Database           |
+--------------------+
| information_schema |
| mysql              |
| performance_schema |
| itcast             |
| test               |
+--------------------+
5 rows in set (0.08 sec)
```

从上述执行结果可以看出,数据库系统中存在 5 个数据库。其中,除了在例 2-1 中创建的 itcast 数据库外,其他的数据库都是在 MySQL 安装完成后自动创建的。

创建好数据库之后,要想查看某个已经创建的数据库信息,可以通过 SHOW CREATE DATABASE 语句查看,具体语法格式如下所示:

```
SHOW CREATE DATABASE 数据库名称;
```

【例 2-3】 查看创建好的数据库 itcast 的信息,SQL 语句如下所示:

```
SHOW CREATE DATABASE itcast;
```

执行结果如下所示:

```
mysql> SHOW CREATE DATABASE itcast;
+----------+-----------------------------------------------------------------+
| Database | Create Database                                                 |
+----------+-----------------------------------------------------------------+
| itcast   | CREATE DATABASE 'itcast' /*!40100 DEFAULT CHARACTER SET utf8 */ |
+----------+-----------------------------------------------------------------+
1 row in set (0.00 sec)
```

上述执行结果显示出了数据库 itcast 的创建信息,例如,数据库 itcast 的编码方式为 utf8。

2.1.2 修改数据库

MySQL 数据库一旦安装成功,创建的数据库编码也就确定了。但如果想修改数据库的编码,可以使用 ALTER DATABASE 语句实现。修改数据库编码的基本语法格式如下所示:

```
ALTER DATABASE 数据库名称 DEFAULT CHARACTER SET 编码方式 COLLATE 编码方式_bin
```

在上述格式中,"数据库名称"指的是要修改的数据库,"编码方式"指的是修改后的数据库编码。

【例 2-4】 将数据库 itcast 的编码修改为 gbk,SQL 语句如下所示:

```
ALTER DATABASE itcast DEFAULT CHARACTER SET gbk COLLATE gbk_bin;
```

为了验证数据库的编码是否修改成功,下面使用 SHOW CREATE DATABASE 语句查看修改后的数据库,执行结果如下:

```
mysql> SHOW CREATE DATABASE itcast;
+----------+-------------------------------------------------------------+
| Database | Create Database                                             |
+----------+-------------------------------------------------------------+
| itcast   | CREATE DATABASE 'itcast' /*!40100 DEFAULT CHARACTER SET gbk
             COLLATE gbk_bin */                                           |
+----------+-------------------------------------------------------------+
1 row in set (0.02 sec)
```

从上述执行结果可以看出,数据库 itcast 的编码为 gbk,说明 itcast 数据库的编码信息修改成功了。

2.1.3 删除数据库

删除数据库是将数据库系统中已经存在的数据库删除。成功删除数据库后,数据库中的所有数据都将被清除,原来分配的空间也将被回收。在 MySQL 中,删除数据库的基本语法格式如下所示:

```
DROP DATABASE 数据库名称;
```

在上述语法格式中,DROP DATABASE 是删除数据库的 SQL 语句,"数据库名称"是要删除的数据库名称。需要注意的是,如果要删除的数据库不存在,则删除会失败。

【例 2-5】 删除名称为 itcast 的数据库,SQL 语句如下所示:

```
DROP DATABASE itcast;
```

为了验证删除数据库的操作是否成功,接下来,使用 SHOW DATABASES 语句查看已经存在的数据库,执行结果如下所示:

```
mysql> SHOW DATABASES;
+--------------------+
| Database           |
+--------------------+
| information_schema |
| mysql              |
| performance_schema |
| test               |
+--------------------+
4 rows in set (0.05 sec)
```

从上述执行结果可以看出,数据库系统中已经不存在名称为 itcast 的数据库了,说明 itcast 数据库被成功删除了。

2.2 数据类型

使用 MySQL 数据库存储数据时,不同的数据类型决定了 MySQL 存储数据方式的不同。为此,MySQL 数据库提供了多种数据类型,其中包括整数类型、浮点数类型、定点数类型、日期和时间类型、字符串类型和二进制类型。接下来,本节将针对这些数据类型进行详细的讲解。

2.2.1 整数类型

在 MySQL 数据库中,经常需要存储整数数值。根据数值取值范围的不同,MySQL 中的整数类型可分为 5 种,分别是 TINYINT、SMALLINT、MEDIUMINT、INT 和 BIGINT。表 2-1 列举了 MySQL 不同整数类型所对应的字节大小和取值范围。

表 2-1 MySQL 整数类型

数据类型	字节数	无符号数的取值范围	有符号数的取值范围
TINYINT	1	0~255	-128~127
SMALLINT	2	0~65 535	-32 768~32 767
MEDIUMINT	3	0~16 777 215	-8 388 608~8 388 607
INT	4	0~4 294 967 295	-2 147 483 648~2 147 483 647
BIGINT	8	0~18 446 744 073 709 551 615	-9 223 372 036 854 775 808~9 223 372 036 854 775 807

从表 2-1 中可以看出,不同整数类型所占用的字节数和取值范围都是不同的。其中,占用字节数最小的是 TINYINT,占用字节数最大的是 BIGINT。需要注意的是,不同整数类型的取值范围可以根据字节数计算出来,例如,TINYINT 类型的整数占用 1 个字节,1 个字节是 8 位,那么,TINYINT 类型无符号数的最大值就是 2^8-1,即 255,

TINYINT 类型有符号数的最大值就是 2^7-1，即 127。同理，可以算出其他不同整数类型的取值范围。

2.2.2 浮点数类型和定点数类型

在 MySQL 数据库中，存储的小数都是使用浮点数和定点数来表示的。浮点数的类型有两种，分别是单精度浮点数类型（FLOAT）和双精度浮点数类型（DOUBLE）。而定点数类型只有 DECIMAL 类型。表 2-2 列举了 MySQL 中浮点数和定点数类型所对应的字节大小及其取值范围。

表 2-2 MySQL 浮点数和定点数类型

数据类型	字节数	负数的取值范围	非负数的取值范围
FLOAT	4	$-3.402\ 823\ 466E+38\sim$ $-1.175\ 494\ 351E-38$	0 和 $1.175\ 494\ 351E-38\sim$ $3.402\ 823\ 466E+38$
DOUBLE	8	$-1.797\ 693\ 134\ 862\ 315\ 7E+308\sim$ $-2.225\ 073\ 858\ 507\ 201\ 4E-308$	0 和 $2.225\ 073\ 858\ 507\ 201\ 4E-308\sim$ $1.797\ 693\ 134\ 862\ 315\ 7E+308$
DECIMAL(M,D)	M+2	$-1.797\ 693\ 134\ 862\ 315\ 7E+308\sim$ $-2.225\ 073\ 858\ 507\ 201\ 4E-308$	0 和 $2.225\ 073\ 858\ 507\ 201\ 4E-308\sim$ $1.797\ 693\ 134\ 862\ 315\ 7E+308$

从表 2-2 中可以看出，DECIMAL 类型的取值范围与 DOUBLE 类型相同。需要注意的是，DECIMAL 类型的有效取值范围是由 M 和 D 决定的，其中，M 表示的是数据的长度，D 表示的是小数点后的长度。比如，将数据类型为 DECIMAL(6,2) 的数据 3.1415 插入数据库后，显示的结果为 3.14。

2.2.3 日期与时间类型

为了方便在数据库中存储日期和时间，MySQL 提供了表示日期和时间的数据类型，分别是 YEAR、DATE、TIME、DATETIME 和 TIMESTAMP。表 2-3 列举了这些 MySQL 中日期和时间数据类型所对应的字节数、取值范围、日期格式以及零值。

表 2-3 MySQL 日期和时间类型

数据类型	字节数	取值范围	日期格式	零值
YEAR	1	1901～2155	YYYY	0000
DATE	4	1000-01-01～9999-12-3	YYYY-MM-DD	0000-00-00
TIME	3	-838:59:59～838:59:59	HH:MM:SS	00:00:00
DATETIME	8	1000-01-01 00:00:00～ 9999-12-31 23:59:59	YYYY-MM-DD HH:MM:SS	0000-00-00 00:00:00
TIMESTAMP	4	1970-01-01 00:00:01～ 2038-01-19 03:14:07	YYYY-MM-DD HH:MM:SS	0000-00-00 00:00:00

从表 2-3 中可以看出，每种日期和时间类型的取值范围都是不同的。需要注意的是，如果插入的数值不合法，系统会自动将对应的零值插入数据库中。

为了让读者更好地学习日期和时间类型,接下来,将表2-3中的类型进行详细讲解,具体如下。

1. YEAR 类型

YEAR 类型用于表示年份,在 MySQL 中,可以使用以下三种格式指定 YEAR 类型的值。

(1) 使用 4 位字符串或数字表示,范围为'1901'~'2155'或 1901~2155。例如,输入'2014'或 2014,插入到数据库中的值均为 2014。

(2) 使用两位字符串表示,范围为'00'~'99',其中,'00'~'69'范围的值会被转换为 2000~2069 范围的 YEAR 值,'70'~'99'范围的值会被转换为 1970~1999 范围的 YEAR 值。例如,输入'14',插入到数据库中的值为 2014。

(3) 使用两位数字表示,范围为 1~99,其中,1~69 范围的值会被转换为 2001~2069 范围的 YEAR 值,70~99 范围的值会被转换为 1970~1999 范围的 YEAR 值。例如,输入 14,插入到数据库中的值为 2014。

需要注意的是,当使用 YEAR 类型时,一定要区分'0'和 0。因为字符串格式的'0'表示的 YEAR 值是 2000,而数字格式的 0 表示的 YEAR 值是 0000。

2. DATE 类型

DATE 类型用于表示日期值,不包含时间部分。在 MySQL 中,可以使用以下 4 种格式指定 DATE 类型的值。

(1) 以'YYYY-MM-DD'或者'YYYYMMDD'字符串格式表示。

例如,输入'2014-01-21'或'20140121',插入数据库中的日期都为 2014-01-21。

(2) 以'YY-MM-DD'或者'YYMMDD'字符串格式表示。YY 表示的是年,范围为'00'~'99',其中'00'~'69'范围的值会被转换为 2000~2069 范围的值,'70'~'99'范围的值会被转换为 1970~1999 范围的值。

例如,输入'14-01-21'或'140121',插入数据库中的日期都为 2014-01-21。

(3) 以 YY-MM-DD 或者 YYMMDD 数字格式表示。

例如,输入 14-01-21 或 140121,插入数据库中的日期都为 2014-01-21。

(4) 使用 CURRENT_DATE 或者 NOW() 表示当前系统日期。

3. TIME 类型

TIME 类型用于表示时间值,它的显示形式一般为 HH:MM:SS,其中,HH 表示小时,MM 表示分,SS 表示秒。在 MySQL 中,可以使用以下三种格式指定 TIME 类型的值。

(1) 以'D HH:MM:SS'字符串格式表示。其中,D 表示日,可以取 0~34 之间的值,插入数据时,小时的值等于(D×24+HH)。

例如,输入'2 11:30:50',插入数据库中的日期为 59:30:50。

(2) 以'HHMMSS'字符串格式或者 HHMMSS 数字格式表示。

例如,输入'345454'或 345454,插入数据库中的日期为 34:54:54。

(3) 使用 CURRENT_TIME 或 NOW()输入当前系统时间。

4. DATETIME 类型

DATETIME 类型用于表示日期和时间,它的显示形式为'YYYY-MM-DD HH:MM:SS',其中,YYYY 表示年,MM 表示月,DD 表示日,HH 表示小时,MM 表示分,SS 表示秒。在 MySQL 中,可以使用以下 4 种格式指定 DATETIME 类型的值。

(1) 以'YYYY-MM-DD HH:MM:SS'或者'YYYYMMDDHHMMSS'字符串格式表示的日期和时间,取值范围为'1000-01-01 00:00:00'~'9999-12-31 23:59:59'。

例如,输入'2014-01-22 09:01:23'或 20140122090123,插入数据库中的 DATETIME 值都为 2014-01-22 09:01:23。

(2) 以'YY-MM-DD HH:MM:SS'或者'YYMMDDHHMMSS'字符串格式表示的日期和时间,其中 YY 表示年,取值范围为'00'~'99'。与 DATE 类型中的 YY 相同,'00'~'69'范围的值会被转换为 2000~2069 范围的值,'70'~'99'范围的值会被转换为 1970~1999 范围的值。

(3) 以 YYYYMMDDHHMMSS 或者 YYMMDDHHMMSS 数字格式表示的日期和时间。

例如,插入 20140122090123 或者 140122090123,插入数据库中的 DATETIME 值都为 2014-01-22 09:01:23。

(4) 使用 NOW()来输入当前系统的日期和时间。

5. TIMESTAMP 类型

TIMESTAMP 类型用于表示日期和时间,它的显示形式与 DATETIME 相同,但取值范围比 DATETIME 小。下面介绍几种 TIMESTAMP 类型与 DATATIME 类型不同的形式,具体如下。

(1) 使用 CURRENT_TIMESTAMP 来输入系统当前日期和时间。

(2) 输入 NULL 时,系统会输入系统当前日期和时间。

(3) 无任何输入时,系统会输入系统当前日期和时间。

2.2.4 字符串和二进制类型

为了存储字符串、图片和声音等数据,MySQL 提供了字符串和二进制类型。表 2-4 列举了 MySQL 中的字符串和二进制类型。

表 2-4 MySQL 字符串和二进制类型

数 据 类 型	类 型 说 明
CHAR	用于表示固定长度的字符串
VARCHAR	用于表示可变长度的字符串
BINARY	用于表示固定长度的二进制数据
VARBINARY	用于表示可变长度的二进制数据

续表

数 据 类 型	类 型 说 明
BLOB	用于表示二进制大数据
TEXT	用于表示大文本数据
ENUM	表示枚举类型,只能存储一个枚举字符串值
SET	表示字符串对象,可以有零或多个值
BIT	表示位字段类型

表 2-4 列举的字符串和二进制类型中,不同数据类型具有不同的特点,接下来,针对这些数据类型进行详细的讲解,具体如下。

1. CHAR 和 VARCHAR 类型

CHAR 和 VARCHAR 类型都用来表示字符串数据,不同的是,VARCHAR 可以存储可变长度的字符串。在 MySQL 中,定义 CHAR 和 VARCHAR 类型的方式如下所示:

```
CHAR(M) 或 VARCHAR(M)
```

在上述定义方式中,M 指的是字符串的最大长度。为了帮助读者更好地理解 CHAR 和 VARCHAR 之间的区别,下面以 CHAR(4)和 VARCHAR(4)为例进行说明,具体如表 2-5 所示。

表 2-5 CHAR(4)和 VARCHAR(4)对比

插入值	CHAR(4)	存储需求	VARCHAR(4)	存储需求
' '	' '	4 个字节	' '	1 个字节
'ab'	'ab'	4 个字节	'ab'	3 个字节
'abc'	'abc'	4 个字节	'abc'	4 个字节
'abcd'	'abcd'	4 个字节	'abcd'	5 个字节
'abcdef'	'abcd'	4 个字节	'abcd'	5 个字节

从表 2-5 中可以看出,当数据为 CHAR(4)类型时,不管插入值的长度是多少,所占用的存储空间都是 4 个字节。而 VARCHAR(4)所对应的数据所占用的字节数为实际长度加 1。

2. BINARY 和 VARBINARY 类型

BINARY 和 VARBINARY 类型类似于 CHAR 和 VARCHAR,不同的是,它们所表示的是二进制数据。定义 BINARY 和 VARBINARY 类型的方式如下所示:

```
BINARY(M) 或 VARBINARY(M)
```

在上述格式中,M 指的是二进制数据的最大字节长度。

需要注意的是，BINARY 类型的长度是固定的，如果数据的长度不足最大长度，将在数据的后面用"\0"补齐，最终达到指定长度。例如，指定数据类型为 BINARY(3)，当插入 a 时，实际存储的数据为"a\0\0"，当插入 ab 时，实际存储的数据为"ab\0"。

3. TEXT 类型

TEXT 类型用于表示大文本数据，例如，文章内容、评论等，它的类型分为 4 种，具体如表 2-6 所示。

表 2-6 TEXT 类型

数据类型	存储范围	数据类型	存储范围
TINYTEXT	0～255 字节	MEDIUMTEXT	0～16 777 215 字节
TEXT	0～65 535 字节	LONGTEXT	0～4 294 967 295 字节

4. BLOB 类型

BLOB 类型是一种特殊的二进制类型，它用于表示数据量很大的二进制数据，例如图片、PDF 文档等。BLOB 类型分为四种，具体如表 2-7 所示。

表 2-7 BLOB 类型

数据类型	存储范围	数据类型	存储范围
TINYBLOB	0～255 字节	MEDIUMBLOB	0～16 777 215 字节
BLOB	0～65 535 字节	LONGBLOB	0～4 294 967 295 字节

需要注意的是，BLOB 类型与 TEXT 类型很相似，但 BLOB 类型数据是根据二进制编码进行比较和排序，而 TEXT 类型数据是根据文本模式进行比较和排序。

5. ENUM 类型

ENUM 类型又称为枚举类型，定义 ENUM 类型的数据格式如下所示：

```
ENUM('值1', '值2', '值3', …, '值n')
```

在上述格式中，('值1', '值2','值3', …, '值n')称为枚举列表，ENUM 类型的数据只能从枚举列表中取，并且只能取一个。需要注意的是，枚举列表中的每个值都有一个顺序编号，MySQL 中存入的就是这个顺序编号，而不是列表中的值。

6. SET 类型

SET 类型用于表示字符串对象，它的值可以有零个或多个，SET 类型数据的定义格式与 ENUM 类型类似，具体语法格式如下所示：

```
SET('值1', '值2', '值3', …, '值n')
```

与 ENUM 类型相同,('值 1','值 2','值 3',…,'值 n')列表中的每个值都有一个顺序编号,MySQL 中存入的也是这个顺序编号,而不是列表中的值。

7. BIT 类型

BIT 类型用于表示二进制数据。定义 BIT 类型的基本语法格式如下所示:

```
BIT(M)
```

在上述格式中,M 用于表示每个值的位数,范围为 1~64。需要注意的是,如果分配的 BIT(M)类型的数据长度小于 M,将在数据的左边用 0 补齐。例如,为 BIT(6)分配值 b'101'的效果与分配 b'000101'相同。

2.3 数据表的基本操作

2.3.1 创建数据表

数据库创建成功后,就需要创建数据表。所谓创建数据表指的是在已存在的数据库中建立新表。需要注意的是,在操作数据表之前,应该使用"USE 数据库名"指定操作是在哪个数据库中进行,否则会抛出"No database selected"错误。创建数据表的基本语法格式如下所示:

```
CREATE TABLE 表名
(
    字段名 1,数据类型[完整性约束条件],
    字段名 2,数据类型[完整性约束条件],
    …
    字段名 n,数据类型[完整性约束条件],
)
```

在上述语法格式中,"表名"指的是创建的数据表名称,"字段名"指的是数据表的列名,"完整性约束条件"指的是字段的某些特殊约束条件,关于表的约束,将在 2.4 节进行详细讲解。

【例 2-6】 创建一个用于存储学生成绩的表 tb_grade,如表 2-8 所示。

表 2-8 tb_grade 表

字段名称	数据类型	备注说明	字段名称	数据类型	备注说明
id	INT(11)	学生的编号	grade	FLOAT	学生的成绩
name	VARCHAR(20)	学生的姓名			

要想创建如表 2-8 所示的数据表,需要首先创建一个数据库,SQL 语句如下:

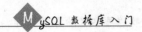

```
CREATE DATABASE itcast;
```

选择创建表的数据库,SQL 语句如下:

```
USE itcast;
```

创建数据表的 SQL 语句如下所示:

```
CREATE TABLE tb_grade
(
  id      INT(11),
  name    VARCHAR(20),
  grade   FLOAT
);
```

为了验证数据表是否创建成功,需要使用 SHOW TABLES 语句进行查看,具体执行结果如下所示:

```
mysql> SHOW TABLES;
+------------------+
| Tables_in_itcast |
+------------------+
| tb_grade         |
+------------------+
1 row in set (0.03 sec)
```

从上述执行结果可以看出,itcast 数据库中已经存在了数据表 tb_grade,说明数据表创建成功了。

2.3.2 查看数据表

使用 SQL 语句创建好数据表后,可以通过查看数据表结构的定义,以确认数据表的定义是否正确。在 MySQL 中,查看数据表的方式有两种,具体如下。

1. 使用 SHOW CREATE TABLE 查看数据表

在 MySQL 中,SHOW CREATE TABLE 语句不仅可以查看创建表时的定义语句,还可以查看表的字符编码。SHOW CREATE TABLE 语句的基本语法格式如下所示:

```
SHOW CREATE TABLE 表名;
```

在上述格式中,"表名"指的是要查询数据表的名称。

【例 2-7】 使用 SHOW CREATE TABLE 语句查看 tb_grade 表,SQL 语句如下所示:

```
SHOW CREATE TABLE tb_grade;
```

执行结果如下所示：

```
mysql> SHOW CREATE TABLE tb_grade;
+----------+------------------------------------------------------------+
| Table    | Create Table                                               |
+----------+------------------------------------------------------------+
| tb_grade | CREATE TABLE 'tb_grade' (
  'id' int(11) DEFAULT NULL,
  'name' varchar(20) COLLATE utf8_bin DEFAULT NULL,
  'grade' float DEFAULT NULL
) ENGINE=InnoDB DEFAULT CHARSET=utf8 COLLATE=utf8_bin          |
+----------+------------------------------------------------------------+
1 row in set (0.06 sec)
```

从上述执行结果可以看出，tb_grade 数据表的定义信息显示了出来，但是显示的结果非常混乱，这时，可以在 SHOW CREATE TABLE 语句的表名之后加上参数"\G"，使显示结果整齐美观，具体执行结果如下所示：

```
mysql> SHOW CREATE TABLE tb_grade\G
*************************** 1. row ***************************
       Table: tb_grade
Create Table: CREATE TABLE 'tb_grade' (
  'id' int(11) DEFAULT NULL,
  'name' varchar(20) COLLATE utf8_bin DEFAULT NULL,
  'grade' float DEFAULT NULL
) ENGINE=InnoDB DEFAULT CHARSET=utf8 COLLATE=utf8_bin
1 row in set (0.00 sec)
```

2. 使用 DESCRIBE 语句查看数据表

在 MySQL 中，使用 DESCRIBE 语句可以查看表的字段信息，其中包括字段名、字段类型等信息。DESCRIBE 语句的基本语法格式如下所示：

```
DESCRIBE 表名；
```

或简写为：

```
DESC 表名；
```

【例 2-8】 使用 DESCRIBE 语句查看 tb_grade 表，SQL 语句如下所示：

```
DESCRIBE tb_grade;
```

执行结果如下所示：

```
mysql> DESCRIBE tb_grade;
+-------+-------------+------+-----+---------+-------+
| Field | Type        | Null | Key | Default | Extra |
+-------+-------------+------+-----+---------+-------+
| id    | int(11)     | YES  |     | NULL    |       |
| name  | varchar(20) | YES  |     | NULL    |       |
| grade | float       | YES  |     | NULL    |       |
+-------+-------------+------+-----+---------+-------+
3 rows in set (0.06 sec)
```

上述执行结果显示出了 tb_grade 表的字段信息，接下来，针对执行结果中的不同字段进行详细讲解，具体如下。

（1）NULL：表示该列是否可以存储 NULL 值。
（2）Key：表示该列是否已经编制索引。
（3）Default：表示该列是否有默认值。
（4）Extra：表示获取到的与给定列相关的附加信息。

2.3.3 修改数据表

有时候，希望对表中的某些信息进行修改，这时就需要修改数据表。所谓修改数据表指的是修改数据库中已经存在的数据表结构，比如，修改表名、修改字段名、修改字段的数据类型等。在 MySQL 中，修改数据表的操作都是使用 ALTER TABLE 语句，接下来，本节将针对修改数据表的相关操作进行详细的讲解，具体如下。

1. 修改表名

在数据库中，不同的数据表是通过表名来区分的。在 MySQL 中，修改表名的基本语法格式如下所示：

```
ALTER TABLE 旧表名 RENAME [TO] 新表名;
```

在上述格式中，"旧表名"指的是修改前的表名，"新表名"指的是修改后的表名，关键字 TO 是可选的，其在 SQL 语句中是否出现不会影响语句的执行。

【例 2-9】 将数据库 itcast 中的 tb_grade 表名改为 grade 表。

在修改数据库表名之前，首先使用 SHOW TABLES 语句查看数据库中的所有表，执行结果如下：

```
mysql> SHOW TABLES;
+--------------------+
| Tables_in_itcast   |
+--------------------+
| tb_grade           |
+--------------------+
1 row in set (0.00 sec)
```

上述语句执行完毕后,使用 ALTER TABLE 将表名 tb_grade 修改为 grade,SQL 语句如下:

```
ALTER TABLE tb_grade RENAME TO grade;
```

为了检测表名是否修改正确,再次使用 SHOW TABLES 语句查看数据库中的所有表,执行结果如下所示:

```
mysql> SHOW TABLES;
+--------------------+
| Tables_in_itcast   |
+--------------------+
| grade              |
+--------------------+
1 row in set (0.00 sec)
```

从上述执行结果可以看出,数据库中的 tb_grade 表名被成功修改为 grade 了。

2. 修改字段名

数据表中的字段是通过字段名来区分的。在 MySQL 中,修改字段名的基本语法格式如下所示:

```
ALTER TABLE 表名 CHANGE 旧字段名 新字段名 新数据类型;
```

在上述格式中,"旧字段名"指的是修改前的字段名,"新字段名"指的是修改后的字段名,"新数据类型"指的是修改后的数据类型。需要注意的是,新数据类型不能为空,即使新字段与旧字段的数据类型相同,也必须将新数据类型设置为与原来一样的数据类型。

【例 2-10】 将数据表 grade 中的 name 字段改为 username,数据类型保持不变,SQL 语句如下所示:

```
ALTER TABLE grade CHANGE name username VARCHAR(20);
```

为了验证字段名是否修改成功,通过 DESC 语句查看 grade 表的结构,执行结果如下

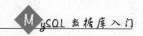

所示：

```
mysql> DESC grade;
+----------+-------------+------+-----+---------+-------+
| Field    | Type        | Null | Key | Default | Extra |
+----------+-------------+------+-----+---------+-------+
| id       | int(11)     | YES  |     | NULL    |       |
| username | varchar(20) | YES  |     | NULL    |       |
| grade    | float       | YES  |     | NULL    |       |
+----------+-------------+------+-----+---------+-------+
3 rows in set (0.17 sec)
```

从上述执行结果可以看出，数据表 grade 中的字段名 name 被成功修改成了 username。

3. 修改字段的数据类型

修改字段的数据类型，就是将字段的数据类型转为另外一种数据类型。在 MySQL 中修改字段数据类型的基本语法格式如下所示：

```
ALTER TABLE 表名 MODIFY 字段名 数据类型;
```

在上述格式中，"表名"指的是要修改字段所在的表名，"字段名"指的是要修改的字段，"数据类型"指的是修改后的字段的数据类型。

【例 2-11】 将数据表 grade 中的 id 字段的数据类型由 INT(11)修改为 INT(20)。

在执行修改字段的数据类型之前，首先使用 DESC 查看 grade 表的结构，如下所示：

```
mysql> DESC grade;
+----------+-------------+------+-----+---------+-------+
| Field    | Type        | Null | Key | Default | Extra |
+----------+-------------+------+-----+---------+-------+
| id       | int(11)     | YES  |     | NULL    |       |
| username | varchar(20) | YES  |     | NULL    |       |
| grade    | float       | YES  |     | NULL    |       |
+----------+-------------+------+-----+---------+-------+
3 rows in set (0.00 sec)
```

从上述执行结果可以看出，id 字段的数据类型为 INT(11)。接下来，使用 ALTER 语句修改 id 字段的数据类型，SQL 语句如下所示：

```
ALTER TABLE grade MODIFY id INT(20);
```

为了验证 id 字段的数据类型是否修改成功，再次使用 DECS 查看 grade 数据表，执行结果如下：

```
mysql> DESC grade;
+----------+-------------+------+-----+---------+-------+
| Field    | Type        | Null | Key | Default | Extra |
+----------+-------------+------+-----+---------+-------+
| id       | int(20)     | YES  |     | NULL    |       |
| username | varchar(20) | YES  |     | NULL    |       |
| grade    | float       | YES  |     | NULL    |       |
+----------+-------------+------+-----+---------+-------+
3 rows in set (0.00 sec)
```

从上述结果可以看出，grade 表中的 id 字段的数据类型被成功修改成了 INT(20)。

4. 添加字段

在创建数据表时，表中的字段就已经定义好了。但是，如果想在创建好的数据表中添加字段，则需要通过 ALTER TABLE 语句进行增加。在 MySQL 中，添加字段的基本语法格式如下所示：

```
ALTER TABLE 表名 ADD 新字段名 数据类型
    [约束条件][FIRST|AFTER 已存在字段名]
```

在上述格式中，"新字段名"为添加字段的名称，"FIRST"为可选参数，用于将新添加的字段设置为表的第一个字段，"AFTER"也为可选参数，用于将新添加的字段添加到指定的"已存在字段名"的后面。

【例 2-12】 在数据表 grade 中添加一个没有约束条件的 INT 类型的字段 age，SQL 语句如下：

```
ALTER TABLE grade ADD age INT(10);
```

为了验证字段 age 是否添加成功，接下来，使用 DESC 语句查看数据表 grade，执行结果如下：

```
mysql> DESC grade;
+----------+-------------+------+-----+---------+-------+
| Field    | Type        | Null | Key | Default | Extra |
+----------+-------------+------+-----+---------+-------+
| id       | int(20)     | YES  |     | NULL    |       |
| username | varchar(20) | YES  |     | NULL    |       |
| grade    | float       | YES  |     | NULL    |       |
| age      | int(10)     | YES  |     | NULL    |       |
+----------+-------------+------+-----+---------+-------+
4 rows in set (0.11 sec)
```

从上述执行结果可以看出，grade 表中添加了一个 age 字段，并且字段的数据类型为 INT(10)。

5. 删除字段

数据表创建成功后，不仅可以修改字段，还可以删除字段。所谓删除字段指的是将某个字段从表中删除。在 MySQL 中，删除字段的基本语法格式如下所示：

```
ALTER TABLE 表名 DROP 字段名;
```

在上述格式中，"字段名"指的是要删除的字段的名称。

【例 2-13】 删除 grade 表中的 age 字段，SQL 语句如下：

```
ALTER TABLE grade DROP age;
```

为了验证 age 字段是否删除，接下来，使用 DESC 语句查看 grade 表，执行结果如下：

```
mysql> DESC grade;
+----------+-------------+------+-----+---------+-------+
| Field    | Type        | Null | Key | Default | Extra |
+----------+-------------+------+-----+---------+-------+
| id       | int(20)     | YES  |     | NULL    |       |
| username | varchar(20) | YES  |     | NULL    |       |
| grade    | float       | YES  |     | NULL    |       |
+----------+-------------+------+-----+---------+-------+
3 rows in set (0.00 sec)
```

从上述执行结果可以看出，grade 表中已经不存在 age 字段，说明 age 字段被成功删除了。

6. 修改字段的排列位置

创建数据表的数据，字段在表中的位置已经确定了。但要修改字段在表中的排列位置，则需要使用 ALTER TABLE 语句来处理。在 MySQL 中，修改字段排列位置的基本语法格式如下：

```
ALTER TABLE 表名 MODIFY 字段名1 数据类型 FIRST|AFTER 字段名2
```

在上述格式中，"字段名1"指的是修改位置的字段，"数据类型"指的是字段1的数据类型，"FIRST"为可选参数，指的是将字段1修改为表的第一个字段，"AFTER 字段名2"是将字段1插入到字段2的后面。

【例 2-14】 将数据表 grade 的 username 字段修改为表的第一个字段，执行的 SQL 语句如下：

```
ALTER TABLE grade MODIFY username VARCHAR(20) FIRST;
```

为了验证 username 字段是否修改为表的第一个字段,接下来,使用 DESC 语句查看数据表,执行结果如下:

```
mysql> DESC grade;
+----------+-------------+------+-----+---------+-------+
| Field    | Type        | Null | Key | Default | Extra |
+----------+-------------+------+-----+---------+-------+
| username | varchar(20) | YES  |     | NULL    |       |
| id       | int(20)     | YES  |     | NULL    |       |
| grade    | float       | YES  |     | NULL    |       |
+----------+-------------+------+-----+---------+-------+
3 rows in set (0.02 sec)
```

从上述执行结果可以看出,username 字段为表的第一个字段,说明 username 字段的排列位置被成功修改了。

【例 2-15】 将数据表 grade 的 id 字段插入到 grade 字段后面,执行的 SQL 语句如下:

```
ALTER TABLE grade MODIFY id INT(20) AFTER grade;
```

为了验证 id 字段是否插入到 grade 字段后面,接下来,使用 DESC 语句查看数据表,执行结果如下:

```
mysql> DESC grade;
+----------+-------------+------+-----+---------+-------+
| Field    | Type        | Null | Key | Default | Extra |
+----------+-------------+------+-----+---------+-------+
| username | varchar(20) | YES  |     | NULL    |       |
| grade    | float       | YES  |     | NULL    |       |
| id       | int(20)     | YES  |     | NULL    |       |
+----------+-------------+------+-----+---------+-------+
3 rows in set (0.02 sec)
```

从上述结果可以看出,id 字段位于 grade 字段后面,说明 id 字段的排列位置被成功修改了。

2.3.4 删除数据表

删除数据表是指删除数据库中已存在的表。在删除数据表的同时,数据表中存储的数据都将被删除。需要注意的是,创建数据表时,表和表之间可能会存在关联,要删除这些被其他表关联的表比较复杂,将在后面的章节进行讲解。本节讲解的是删除没有关联关系的数据表。

在 MySQL 中,直接使用 DROP TABLE 语句就可以删除没有被其他表关联的数据表,其基本的语法格式如下所示:

```
DROP TABLE 表名;
```

在上述格式中,"表名"指的是要删除的数据表。

【例 2-16】 删除数据表 grade,SQL 语句如下:

```
DROP TABLE grade;
```

为了验证数据表 grade 是否被删除成功,使用 DESC 语句查看数据表,执行结果如下:

```
mysql> DESC grade;
ERROR 1146 (42S02): Table 'itcast.grade' doesn't exist
```

从上述结果可以看出,grade 表已经不存在了,说明数据表 grade 被成功删除了。

2.4 表的约束

为了防止数据表中插入错误的数据,在 MySQL 中,定义了一些维护数据库完整性的规则,即表的约束。表 2-9 列举了常见的表的约束。

表 2-9 表的约束

约束条件	说 明
PRIMARY KEY	主键约束,用于唯一标识对应的记录
FOREIGN KEY	外键约束
NOT NULL	非空约束
UNIQUE	唯一性约束
DEFAULT	默认值约束,用于设置字段的默认值

表 2-9 列举的约束条件都是针对表中字段进行限制,从而保证数据表中数据的正确性和唯一性。由于 FOREIGN KEY 约束条件涉及多表操作,因此,本节只针对除 FOREIGN KEY 外的其他约束进行详细的讲解。

2.4.1 主键约束

在 MySQL 中,为了快速查找表中的某条信息,可以通过设置主键来实现。主键约束是通过 PRIMARY KEY 定义的,它可以唯一标识表中的记录,这就好比身份证可以用来标识人的身份一样。在 MySQL 中,主键约束分为两种,具体如下:

1. 单字段主键

单字段主键指的是由一个字段构成的主键,其基本的语法格式如下所示:

```
字段名 数据类型 PRIMARY KEY
```

【例 2-17】 创建一个数据表 example01,并设置 id 作为主键,SQL 语句如下:

```
CREATE TABLE example01(id INT PRIMARY KEY,
                name VARCHAR(20),
                grade FLOAT);
```

上述 SQL 语句执行后,example01 表中创建了 id、name 和 grade 三个字段,其中,id 字段是主键。

2. 多字段主键

多字段主键指的是多个字段组合而成的主键,其基本的语法格式如下所示:

```
PRIMARY KEY (字段名 1,字段名 2,…,字段名 n)
```

在上述格式中,"字段名 1,字段名 2,…,字段名 n"指的是构成主键的多个字段的名称。

【例 2-18】 创建一个数据表 example02,在表中将 stu_id 和 course_id 两个字段共同作为主键,SQL 语句如下:

```
CREATE TABLE example02(stu_id INT,
                course_id INT,
                grade FLOAT,
                PRIMARY KEY(stu_id,course_id)
                );
```

上述 SQL 语句执行后,example02 表中包含 stu_id、course_id 和 grade 三个字段,其中,stu_id 和 course_id 两个字段组合可以唯一确定一条记录。

注意:每个数据表中最多只能有一个主键约束,定义为 PRIMARY KEY 的字段不能有重复值且不能为 NULL 值。

2.4.2 非空约束

非空约束指的是字段的值不能为 NULL,在 MySQL 中,非空约束是通过 NOT NULL 定义的,其基本的语法格式如下所示:

```
字段名 数据类型 NOT NULL;
```

【例 2-19】 创建一个数据表 example04，将表中的 name 字段设置为非空约束，SQL 语句如下：

```
CREATE TABLE example04(id INT PRIMARY KEY,
                name VARCHAR(20) NOT NULL,
                grade FLOAT);
```

上述 SQL 语句执行后，example04 表中包含 id、name 和 grade 三个字段。其中，id 字段为主键，name 字段为非空字段。需要注意的是，在同一个数据表中可以定义多个非空字段。

2.4.3 唯一约束

唯一约束用于保证数据表中字段的唯一性，即表中字段的值不能重复出现。唯一约束是通过 UNIQUE 定义的，其基本的语法格式如下所示：

```
字段名 数据类型 UNIQUE;
```

【例 2-20】 创建一个数据表 example05，将表中的 stu_id 设置为唯一约束，SQL 语句如下：

```
CREATE TABLE example05 (id INT PRIMARY KEY,
                stu_id INT UNIQUE,
                name VARCHAR(20) NOT NULL
                );
```

上述 SQL 语句执行后，example05 表中包含 id、stu_id 和 name 三个字段。其中，id 字段为主键，stu_id 字段为唯一值，该字段的值不能重复，name 字段的值不能为空值。

2.4.4 默认约束

默认约束用于给数据表中的字段指定默认值，即当在表中插入一条新记录时，如果没有给这个字段赋值，那么，数据库系统会自动为这个字段插入默认值。默认值是通过 DEFAULT 关键字定义的，其基本的语法格式如下所示：

```
字段名 数据类型 DEFAULT 默认值;
```

【例 2-21】 创建一个数据表 example06，将表中的 grade 字段的默认值设置为 0，SQL 语句如下：

```
CREATE TABLE example06 (id INT PRIMARY KEY AUTO_INCREMENT,
                stu_id INT UNIQUE,
                grade FLOAT DEFAULT 0
                );
```

上述 SQL 语句执行后,example06 表中包含 id、stu_id 和 grade 三个字段。其中,id 字段为主键,stu_id 字段的值唯一,grade 字段的默认值为 0。

2.5 设置表的字段值自动增加

在数据表中,若想为表中插入的新记录自动生成唯一的 ID,可以使用 AUTO_INCREMENT 约束来实现。AUTO_INCREMENT 约束的字段可以是任何整数类型。默认情况下,该字段的值是从 1 开始自增的。使用 AUTO_INCREMENT 设置表字段值自动增加的基本语法格式如下所示:

```
字段名 数据类型 AUTO_INCREMENT;
```

【例 2-22】 创建一个数据表 example05,将表中的 id 字段设置为自动增加,SQL 语句如下:

```
CREATE TABLE example05 (id INT PRIMARY KEY AUTO_INCREMENT,
                        stu_id INT UNIQUE,
                        grade FLOAT
                        );
```

上述 SQL 语句执行后,example05 表中包含三个字段。其中,id 字段为主键,且每插入一条新记录,id 的值会自动增加,stu_id 字段的值唯一,grade 的值为 FLOAT 类型。

2.6 索　引

在数据库操作中,经常需要查找特定的数据,例如,当执行"select * from student where id=10000"语句时,MySQL 数据库必须从第 1 条记录开始遍历,直到找到 id 为 10 000 的数据,这样的效率显然非常低。为此,MySQL 允许建立索引来加快数据表的查询和排序。接下来,本节将针对数据库的索引进行详细讲解。

2.6.1 索引的概念

数据库的索引好比新华字典的音序表,它是对数据库表中一列或多列的值进行排序后的一种结构,其作用就是提高表中数据的查询速度。MySQL 中的索引分为很多种,具体如下。

1. 普通索引

普通索引是由 KEY 或 INDEX 定义的索引,它是 MySQL 中的基本索引类型,可以创建在任何数据类型中,其值是否唯一和非空由字段本身的约束条件所决定。例如,在

grade 表的 stu_id 字段上建立一个普通索引，查询记录时，就可以根据该索引进行查询了。

2. 唯一性索引

唯一性索引是由 UNIQUE 定义的索引，该索引所在字段的值必须是唯一的。例如，在 grade 表的 id 字段上建立唯一性索引，那么，id 字段的值就必须是唯一的。

3. 全文索引

全文索引是由 FULLTEXT 定义的索引，它只能创建在 CHAR、VARCHAR 或 TEXT 类型的字段上，而且，现在只有 MyISAM 存储引擎支持全文索引。

4. 单列索引

单列索引指的是在表中单个字段上创建索引，它可以是普通索引、唯一索引或者全文索引，只要保证该索引只对应表中一个字段即可。

5. 多列索引

多列索引指的是在表中多个字段上创建索引，只有在查询条件中使用了这些字段中的第一个字段时，该索引才会被使用。例如，在 grade 表的 id、name 和 score 字段上创建一个多列索引，那么，只有查询条件中使用了 id 字段时，该索引才会被使用。

6. 空间索引

空间索引是由 SPATIAL 定义的索引，它只能创建在空间数据类型的字段上。MySQL 中的空间数据类型有 4 种，分别是 GEOMETRY、POINT、LINESTRING 和 POLYGON。需要注意的是，创建空间索引的字段，必须将其声明为 NOT NULL，并且空间索引只能在存储引擎为 MyISAM 的表中创建。

需要注意的是，虽然索引可以提高数据的查询速度，但索引会占用一定的磁盘空间，并且在创建和维护索引时，其消耗的时间是随着数据量的增加而增加的。因此，使用索引时，应该综合考虑索引的优点和缺点。

2.6.2 创建索引

要想使用索引提高数据表的访问速度，首先要创建一个索引。创建索引的方式有三种，具体如下。

1. 创建表的时候创建索引

创建表的时候可以直接创建索引，这种方式最简单、方便，其基本的语法格式如下所示：

```
CREATE TABLE 表名(字段名 数据类型[完整性约束条件],
                字段名 数据类型[完整性约束条件],
                …
                字段名 数据类型
                [UNIQUE|FULLTEXT|SPATIAL] INDEX|KEY
                    [别名] (字段名1 [(长度)] [ASC|DESC])
                );
```

关于上述语法的相关解释具体如下。
(1) UNIQUE：可选参数,表示唯一索引。
(2) FULLTEXT：可选参数,表示全文索引。
(3) SPATIAL：可选参数,表示空间索引。
(4) INDEX 和 KEY：用来表示字段的索引,二者选一即可。
(5) 别名：可选参数,表示创建的索引的名称。
(6) 字段名1：指定索引对应字段的名称。
(7) 长度：可选参数,用于表示索引的长度。
(8) ASC 和 DESC：可选参数,其中,ASC 表示升序排列,DESC 表示降序排列。
为了帮助读者更好地了解如何在创建表的时候创建索引,接下来,通过具体的案例,分别对 MySQL 中的 6 种索引类型进行讲解,具体如下:
1) 创建普通索引

【例 2-23】 在 t1 表中 id 字段上建立索引,SQL 语句如下:

```
CREATE TABLE t1 (id INT,
                name VARCHAR(20),
                score FLOAT,
                INDEX (id)
                );
```

上述 SQL 语句执行后,使用 SHOW CREATE TABLE 语句查看表的结构,结果如下所示:

```
mysql> SHOW CREATE TABLE t1\G
*************************** 1. row ***************************
       Table: t1
Create Table: CREATE TABLE 't1' (
  'id' int(11) DEFAULT NULL,
  'name' varchar(20) COLLATE utf8_bin DEFAULT NULL,
  'score' float DEFAULT NULL,
  KEY 'id' ('id')
) ENGINE=InnoDB DEFAULT CHARSET=utf8 COLLATE=utf8_bin
1 row in set (0.00 sec)
```

从上述结果可以看出，id 字段上已经创建了一个名称为 id 的索引。为了查看索引是否被使用，可以使用 EXPLAIN 语句进行查看，SQL 代码如下：

```
EXPLAIN SELECT * FROM t1 WHERE id=1 \G
```

执行结果如下所示：

```
mysql> EXPLAIN SELECT * FROM t1 WHERE id=1 \G
*************************** 1. row ***************************
           id: 1
  select_type: SIMPLE
        table: t1
         type: ref
possible_keys: id
          key: id
      key_len: 5
          ref: const
         rows: 1
        Extra: Using where
1 row in set (0.03 sec)
```

从上述执行结果可以看出，possible_keys 和 key 的值都为 id，说明 id 索引已经存在，并且已经开始被使用了。

2）创建唯一性索引

【例 2-24】 创建一个表名为 t2 的表，在表中的 id 字段上建立索引名为 unique_id 的唯一性索引，并且按照升序排列，SQL 语句如下：

```
CREATE TABLE t2 (id INT NOT NULL,
                 name VARCHAR(20) NOT NULL,
                 score FLOAT,
                 UNIQUE INDEX unique_id(id ASC)
                );
```

上述 SQL 语句执行后，使用 SHOW CREATE TABLE 语句查看表的结构，结果如下所示：

```
mysql> SHOW CREATE TABLE t2\G
*************************** 1. row ***************************
       Table: t2
Create Table: CREATE TABLE 't2' (
  'id' int(11) NOT NULL,
  'name' varchar(20) COLLATE utf8_bin NOT NULL,
  'score' float DEFAULT NULL,
```

```
  UNIQUE KEY 'unique_id' ('id')
) ENGINE=InnoDB DEFAULT CHARSET=utf8 COLLATE=utf8_bin
1 row in set (0.00 sec)
```

从上述结果可以看出,id 字段上已经建立了一个名称为 unique_id 的唯一性索引。

3) 创建全文索引

【例 2-25】 创建一个表名为 t3 的表,在表中的 name 字段上建立索引名为 fulltext_name 的全文索引,SQL 语句如下:

```
CREATE TABLE t3 (id INT NOT NULL,
            name VARCHAR(20) NOT NULL,
            score FLOAT,
            FULLTEXT INDEX fulltext_name(name)
            )ENGINE=MyISAM;
```

上述 SQL 语句执行后,使用 SHOW CREATE TABLE 语句查看表的结构,结果如下所示:

```
mysql> SHOW CREATE TABLE t3\G
*************************** 1. row ***************************
       Table: t3
Create Table: CREATE TABLE 't3' (
  'id' int(11) NOT NULL,
  'name' varchar(20) COLLATE utf8_bin NOT NULL,
  'score' float DEFAULT NULL,
  FULLTEXT KEY 'fulltext_name' ('name')
) ENGINE=MyISAM DEFAULT CHARSET=utf8 COLLATE=utf8_bin
1 row in set (0.00 sec)
```

从上述结果可以看出,name 字段上已经建立了一个名为 fulltext_name 的全文索引。需要注意的是,由于目前只有 MyISAM 存储引擎支持全文索引,InnoDB 存储引擎还不支持全文索引,因此,在建立全文索引时,一定要注意表存储引擎的类型,对于经常需要索引的字符串、文字数据等信息,可以考虑存储到 MyISAM 存储引擎的表中。

4) 创建单列索引

【例 2-26】 创建一个表名为 t4 的表,在表中的 name 字段上建立索引名为 single_name 的单列索引,SQL 语句如下:

```
CREATE TABLE t4 (id INT NOT NULL,
            name VARCHAR(20) NOT NULL,
            score FLOAT,
            INDEX single_name(name(20))
            );
```

上述 SQL 语句执行后,使用 SHOW CREATE TABLE 语句查看表的结构,结果如下所示:

```
mysql> SHOW CREATE TABLE t4\G
*************************** 1. row ***************************
       Table: t4
Create Table: CREATE TABLE 't4' (
  'id' int(11) NOT NULL,
  'name' varchar(20) COLLATE utf8_bin NOT NULL,
  'score' float DEFAULT NULL,
  KEY 'single_name' ('name')
) ENGINE=InnoDB DEFAULT CHARSET=utf8 COLLATE=utf8_bin
1 row in set (0.00 sec)
```

从上述结果可以看出,name 字段上已经建立了一个名称为 single_name 的单列索引,并且索引的长度为 20。

5) 创建多列索引

【例 2-27】 创建一个表名为 t5 的表,在表中的 id 和 name 字段上建立索引名为 multi 的多列索引,SQL 语句如下:

```
CREATE TABLE t5 (id INT NOT NULL,
              name VARCHAR(20) NOT NULL,
              score FLOAT,
              INDEX multi(id,name(20))
              );
```

上述 SQL 语句执行后,使用 SHOW CREATE TABLE 语句查看表的结构,结果如下所示:

```
mysql> SHOW CREATE TABLE t5\G
*************************** 1. row ***************************
       Table: t5
Create Table: CREATE TABLE 't5' (
  'id' int(11) NOT NULL,
  'name' varchar(20) COLLATE utf8_bin NOT NULL,
  'score' float DEFAULT NULL,
  KEY 'multi' ('id','name')
) ENGINE=InnoDB DEFAULT CHARSET=utf8 COLLATE=utf8_bin
1 row in set (0.00 sec)
```

从上述结果可以看出,id 和 name 字段上已经建立了一个名为 multi 的多列索引。需要注意的是,在多列索引中,只有查询条件中使用了这些字段中的第一个字段时,多列索引才会被使用。为了验证这个说法是否正确,将 id 字段作为查询条件,通过 EXPLAIN

语句查看索引的使用情况,SQL 执行结果如下所示:

```
mysql> EXPLAIN SELECT * FROM t5 WHERE id=1 \G
*************************** 1. row ***************************
           id: 1
  select_type: SIMPLE
        table: t5
         type: ref
possible_keys: multi
          key: multi
      key_len: 4
          ref: const
         rows: 1
        Extra:
1 row in set (0.09 sec)
```

从上述执行结果可以看出,possible_keys 和 key 的值都为 multi,说明 multi 索引已经存在,并且已经开始被使用了。但是,如果只使用 name 字段作为查询条件,SQL 执行结果如下所示:

```
mysql> EXPLAIN SELECT * FROM t5 WHERE name='Mike' \G
*************************** 1. row ***************************
           id: 1
  select_type: SIMPLE
        table: t5
         type: ALL
possible_keys: NULL
          key: NULL
      key_len: NULL
          ref: NULL
         rows: 1
        Extra: Using where
1 row in set (0.01 sec)
```

从上述执行结果可以看出,possible_keys 和 key 的值都为 NULL,说明 multi 索引还没有被使用。

6) 创建空间索引

【例 2-28】 创建一个表名为 t6 的表,在空间类型为 GEOMETRY 的字段上创建空间索引,SQL 语句如下:

```
CREATE TABLE t6(id INT,
            space GEOMETRY NOT NULL,
            SPATIAL INDEX sp(space)
            )ENGINE=MyISAM;
```

上述 SQL 语句执行后，使用 SHOW CREATE TABLE 语句查看表的结构，结果如下所示：

```
mysql> SHOW CREATE TABLE t6\G
*************************** 1. row ***************************
       Table: t6
Create Table: CREATE TABLE 't6' (
  'id' int(11) DEFAULT NULL,
  'space' geometry NOT NULL,
  SPATIAL KEY 'sp' ('space')
) ENGINE=MyISAM DEFAULT CHARSET=utf8 COLLATE=utf8_bin
1 row in set (0.00 sec)
```

从上述结果可以看出，t6 表中的 space 字段上已经建立了一个名称为 sp 的空间索引。需要注意的是，创建空间索引时，所在字段的值不能为空值，并且表的存储引擎为 MyISAM。

2. 使用 CREATE INDEX 语句在已经存在的表上创建索引

若想在一个已经存在的表上创建索引，可以使用 CREATE INDEX 语句，CREATE INDEX 语句创建索引的具体语法格式如下所示：

```
CREATE [UNIQUE|FULLTEXT|SPATIAL] INDEX 索引名
ON 表名 (字段名 [(长度)] [ASC|DESC]);
```

在上述语法格式中，UNIQUE、FULLTEXT 和 SPATIAL 都是可选参数，分别用于表示唯一性索引、全文索引和空间索引；INDEX 用于指明字段为索引。

为了便于读者学习如何使用 CREATE INDEX 语句在已经存在的表上创建索引，接下来，创建一个 book 表，该表中没有建立任何索引，创建 book 表的 SQL 语句如下所示：

```
CREATE TABLE book (
            bookid INT NOT NULL,
            bookname VARCHAR(255) NOT NULL,
            authors VARCHAR(255) NOT NULL,
            info VARCHAR(255) NULL,
            comment VARCHAR(255) NULL,
            publicyear YEAR NOT NULL
            );
```

创建好数据表 book 后，下面通过具体的案例为读者演示如何使用 CREAT INDEX 语句在已存在的数据表中创建索引，具体如下。

1）创建普通索引

【例 2-29】 在 book 表中的 bookid 字段上建立一个名称为 index_id 的普通索引，

SQL 语句如下所示：

```
CREATE INDEX index_id ON book(bookid);
```

上述 SQL 语句执行后，使用 SHOW CREATE TABLE 语句查看表的结构，结果如下所示：

```
mysql> SHOW CREATE TABLE book \G
*************************** 1. row ***************************
       Table: book
Create Table: CREATE TABLE 'book' (
  'bookid' int(11) NOT NULL,
  'bookname' varchar(255) COLLATE utf8_bin NOT NULL,
  'authors' varchar(255) COLLATE utf8_bin NOT NULL,
  'info' varchar(255) COLLATE utf8_bin DEFAULT NULL,
  'comment' varchar(255) COLLATE utf8_bin DEFAULT NULL,
  'publicyear' year(4) NOT NULL,
  KEY 'index_id' ('bookid')
) ENGINE=InnoDB DEFAULT CHARSET=utf8 COLLATE=utf8_bin
1 row in set (0.00 sec)
```

从上述结果可以看出，book 表中的 bookid 字段上已经建立了一个名称为 index_id 的普通索引。

2）创建唯一性索引

【例 2-30】 在 book 表中的 bookid 字段上建立一个名称为 uniqueidx 的唯一性索引，SQL 语句如下所示：

```
CREATE UNIQUE INDEX uniqueidx ON book(bookid);
```

上述 SQL 语句执行后，使用 SHOW CREATE TABLE 语句查看表的结构，结果如下所示：

```
mysql> SHOW CREATE TABLE book \G
*************************** 1. row ***************************
       Table: book
Create Table: CREATE TABLE 'book' (
  'bookid' int(11) NOT NULL,
  'bookname' varchar(255) COLLATE utf8_bin NOT NULL,
  'authors' varchar(255) COLLATE utf8_bin NOT NULL,
  'info' varchar(255) COLLATE utf8_bin DEFAULT NULL,
  'comment' varchar(255) COLLATE utf8_bin DEFAULT NULL,
  'publicyear' year(4) NOT NULL,
  UNIQUE KEY 'uniqueidx' ('bookid'),
```

```
    KEY 'index_id' ('bookid')
) ENGINE=InnoDB DEFAULT CHARSET=utf8 COLLATE=utf8_bin
1 row in set (0.00 sec)
```

从上述结果可以看出,book 表中的 bookid 字段上已经建立了一个名称为 uniqueidx 的唯一性索引。

3) 创建单列索引

【例 2-31】 在 book 表中的 comment 字段上建立一个名称为 singleidx 的单列索引,SQL 语句如下所示:

```
CREATE INDEX singleidx ON book(comment);
```

上述 SQL 语句执行后,使用 SHOW CREATE TABLE 语句查看表的结构,结果如下所示:

```
mysql> SHOW CREATE TABLE book \G
*************************** 1. row ***************************
       Table: book
Create Table: CREATE TABLE 'book' (
  'bookid' int(11) NOT NULL,
  'bookname' varchar(255) COLLATE utf8_bin NOT NULL,
  'authors' varchar(255) COLLATE utf8_bin NOT NULL,
  'info' varchar(255) COLLATE utf8_bin DEFAULT NULL,
  'comment' varchar(255) COLLATE utf8_bin DEFAULT NULL,
  'publicyear' year(4) NOT NULL,
  UNIQUE KEY 'uniqueidx' ('bookid'),
  KEY 'index_id' ('bookid'),
  KEY 'singleidx' ('comment')
) ENGINE=InnoDB DEFAULT CHARSET=utf8 COLLATE=utf8_bin
1 row in set (0.00 sec)
```

从上述结果可以看出,book 表中的 comment 字段上已经建立了一个名称为 singleidx 的单列索引。

4) 创建多列索引

【例 2-32】 在 book 表中的 authors 和 info 字段上建立一个名称为 mulitidx 的多列索引,SQL 语句如下所示:

```
CREATE INDEX mulitidx ON book(authors(20),info(20));
```

上述 SQL 语句执行后,使用 SHOW CREATE TABLE 语句查看表的结构,结果如下所示:

```
mysql> SHOW CREATE TABLE book \G
*************************** 1. row ***************************
       Table: book
Create Table: CREATE TABLE 'book' (
  'bookid' int(11) NOT NULL,
  'bookname' varchar(255) COLLATE utf8_bin NOT NULL,
  'authors' varchar(255) COLLATE utf8_bin NOT NULL,
  'info' varchar(255) COLLATE utf8_bin DEFAULT NULL,
  'comment' varchar(255) COLLATE utf8_bin DEFAULT NULL,
  'publicyear' year(4) NOT NULL,
  UNIQUE KEY 'uniqueidx' ('bookid'),
  KEY 'index_id' ('bookid'),
  KEY 'singleidx' ('comment'),
  KEY 'mulitidx' ('authors' (20), 'info' (20))
) ENGINE=InnoDB DEFAULT CHARSET=utf8 COLLATE=utf8_bin
1 row in set (0.00 sec)
```

从上述结果可以看出，book 表中的 authors 和 info 字段上已经建立了一个名称为 mulitidx 的多列索引。

5）创建全文索引

【例 2-33】 删除表 book，重新创建表 book，在表中的 info 字段上创建全文索引。

首先删除表 book，SQL 语句如下：

```
DROP TABLE book;
```

然后重新创建表 book，SQL 语句如下：

```
CREATE TABLE book (
             bookid INT NOT NULL,
             bookname VARCHAR(255) NOT NULL,
             authors VARCHAR(255) NOT NULL,
             info VARCHAR(255) NULL,
             comment VARCHAR(255) NULL,
             publicyear YEAR NOT NULL
             )ENGINE=MyISAM;
```

使用 CREATE INDEX 语句在 book 表的 info 字段上创建名称为 fulltextidx 的全文索引，SQL 语句如下：

```
CREATE FULLTEXT INDEX fulltextidx ON book(info);
```

为了验证全文索引 fulltextidx 是否创建成功，使用 SHOW CREATE TABLE 语句查看表的结构，结果如下所示：

```
mysql> SHOW CREATE TABLE book \G
*************************** 1. row ***************************
       Table: book
Create Table: CREATE TABLE 'book' (
  'bookid' int(11) NOT NULL,
  'bookname' varchar(255) COLLATE utf8_bin NOT NULL,
  'authors' varchar(255) COLLATE utf8_bin NOT NULL,
  'info' varchar(255) COLLATE utf8_bin DEFAULT NULL,
  'comment' varchar(255) COLLATE utf8_bin DEFAULT NULL,
  'publicyear' year(4) NOT NULL,
  FULLTEXT KEY 'fulltextidx' ('info')
) ENGINE=MyISAM DEFAULT CHARSET=utf8 COLLATE=utf8_bin
1 row in set (0.00 sec)
```

从上述结果可以看出，book 表中的 info 字段上已经建立了一个名称为 fulltextidx 的全文索引。

6）创建空间索引

【例 2-34】 创建表 t7，在表中的 g 字段上创建名称为 spatidx 的空间索引。

首先创建数据表 t7，SQL 语句如下：

```
CREATE TABLE t7 (
            g GEOMETRY NOT NULL
            )ENGINE=MyISAM;
```

使用 CREATE INDEX 语句在 t7 表的 g 字段上创建名称为 spatidx 的空间索引，SQL 语句如下：

```
CREATE SPATIAL INDEX spatidx ON t7(g);
```

为了验证空间索引 spatidx 是否创建成功，使用 SHOW CREATE TABLE 语句查看表的结构，结果如下所示：

```
mysql> SHOW CREATE TABLE t7 \G
*************************** 1. row ***************************
       Table: t7
Create Table: CREATE TABLE 't7' (
  'g' geometry NOT NULL,
  SPATIAL KEY 'spatidx' ('g')
) ENGINE=MyISAM DEFAULT CHARSET=utf8 COLLATE=utf8_bin
1 row in set (0.00 sec)
```

从上述结果可以看出，book 表中的 g 字段上已经建立了一个名称为 spatidx 的空间索引。

3. 使用 ALTER TABLE 语句在已经存在的表上创建索引

在已经存在的表中创建索引，除了可以使用 CREATE INDEX 语句外，还可以使用 ALTER TABLE 语句。使用 ALTER TABLE 语句在已经存在的表上创建索引的语法格式如下所示：

```
ALTER TABLE 表名 ADD [UNIQUE|FULLTEXT|SPATIAL] INDEX
            索引名 (字段名 [(长度)] [ASC|DESC])
```

在上述语法格式中，UNIQUE、FULLTEXT 和 SPATIAL 都是可选参数，分别用于表示唯一性索引、全文索引和空间索引，ADD 表示向表中添加字段。

接下来，同样以 book 表为例，对不同类型的索引进行详细讲解。为了使 book 表不包含任何索引，首先删除表 book，SQL 语句如下：

```
DROP TABLE book;
```

然后重新建立表 book，SQL 语句如下：

```
CREATE TABLE book (
            bookid INT NOT NULL,
            bookname VARCHAR(255) NOT NULL,
            authors VARCHAR(255) NOT NULL,
            info VARCHAR(255) NULL,
            comment VARCHAR(255) NULL,
            publicyear YEAR NOT NULL
            );
```

创建好数据表 book 后，就可以使用 ALTER TABLE 语句在已存在的数据表中创建索引了，具体如下。

1) 创建普通索引

【例 2-35】 在表中的 bookid 字段上创建名称为 index_id 的普通索引，SQL 语句如下：

```
ALTER TABLE book ADD INDEX index_id(bookid);
```

上述 SQL 语句执行后，使用 SHOW CREATE TABLE 语句查看表的结构，结果如下所示：

```
mysql> SHOW CREATE TABLE book \G
*************************** 1. row ***************************
       Table: book
Create Table: CREATE TABLE 'book' (
```

```
    'bookid' int(11) NOT NULL,
    'bookname' varchar(255) COLLATE utf8_bin NOT NULL,
    'authors' varchar(255) COLLATE utf8_bin NOT NULL,
    'info' varchar(255) COLLATE utf8_bin DEFAULT NULL,
    'comment' varchar(255) COLLATE utf8_bin DEFAULT NULL,
    'publicyear' year(4) NOT NULL,
    KEY 'index_id' ('bookid')
) ENGINE=InnoDB DEFAULT CHARSET=utf8 COLLATE=utf8_bin
1 row in set (0.00 sec)
```

从上述结果可以看出，book 表中的 bookid 字段上已经建立了一个名称为 index_id 的普通索引。

2）创建唯一性索引

【例 2-36】 在 book 表中的 bookid 字段上建立一个名称为 uniqueidx 的唯一性索引，SQL 语句如下：

```
ALTER TABLE book ADD UNIQUE uniqueidx(bookid);
```

上述 SQL 语句执行后，使用 SHOW CREATE TABLE 语句查看表的结构，结果如下所示：

```
mysql> SHOW CREATE TABLE book \G
*************************** 1. row ***************************
       Table: book
Create Table: CREATE TABLE 'book' (
    'bookid' int(11) NOT NULL,
    'bookname' varchar(255) COLLATE utf8_bin NOT NULL,
    'authors' varchar(255) COLLATE utf8_bin NOT NULL,
    'info' varchar(255) COLLATE utf8_bin DEFAULT NULL,
    'comment' varchar(255) COLLATE utf8_bin DEFAULT NULL,
    'publicyear' year(4) NOT NULL,
    UNIQUE KEY 'uniqueidx' ('bookid'),
    KEY 'index_id' ('bookid')
) ENGINE=InnoDB DEFAULT CHARSET=utf8 COLLATE=utf8_bin
1 row in set (0.00 sec)
```

从上述结果可以看出，book 表中的 bookid 字段上已经建立了一个名称为 uniqueidx 的唯一性索引。

3）创建单列索引

【例 2-37】 在 book 表中的 comment 字段上建立一个名称为 singleidx 的单列索引，SQL 语句如下所示：

```
ALTER TABLE book ADD INDEX singleidx (comment(50));
```

上述 SQL 语句执行后,使用 SHOW CREATE TABLE 语句查看表的结构,结果如下所示:

```
mysql> SHOW CREATE TABLE book \G
*************************** 1. row ***************************
       Table: book
Create Table: CREATE TABLE 'book' (
  'bookid' int(11) NOT NULL,
  'bookname' varchar(255) COLLATE utf8_bin NOT NULL,
  'authors' varchar(255) COLLATE utf8_bin NOT NULL,
  'info' varchar(255) COLLATE utf8_bin DEFAULT NULL,
  'comment' varchar(255) COLLATE utf8_bin DEFAULT NULL,
  'publicyear' year(4) NOT NULL,

  KEY 'index_id' ('bookid'),
  KEY 'singleidx' ('comment' (50))
) ENGINE=InnoDB DEFAULT CHARSET=utf8 COLLATE=utf8_bin
1 row in set (0.00 sec)
```

从上述结果可以看出,book 表中的 comment 字段上已经建立了一个名称为 singleidx 的单列索引。

4)创建多列索引

【例 2-38】 在 book 表中的 authors 和 info 字段上建立一个名称为 multidx 的多列索引,SQL 语句如下:

```
ALTER TABLE book ADD INDEX multidx(authors(20),info(50));
```

上述 SQL 语句执行后,使用 SHOW CREATE TABLE 语句查看表的结构,结果如下所示:

```
mysql> SHOW CREATE TABLE book \G
*************************** 1. row ***************************
       Table: book
Create Table: CREATE TABLE 'book'(
  'bookid' int(11) NOT NULL,
  'bookname' varchar(255) COLLATE utf8_bin NOT NULL,
  'authors' varchar(255) COLLATE utf8_bin NOT NULL,
  'info' varchar(255) COLLATE utf8_bin DEFAULT NULL,
  'comment' varchar(255) COLLATE utf8_bin DEFAULT NULL,
  'publicyear' year(4) NOT NULL,
  UNIQUE KEY 'uniqueidx' ('bookid'),
```

```
    KEY 'index_id' ('bookid'),
    KEY 'singleidx' ('comment' (50)),
    KEY 'multidx' ('authors' (20), 'info' (50))
) ENGINE=InnoDB DEFAULT CHARSET=utf8 COLLATE=utf8_bin
1 row in set (0.02 sec)
```

从上述结果可以看出，book 表中的 authors 和 info 字段上已经建立了一个名称为 multidx 的多列索引。

5）创建全文索引

【例 2-39】 删除表 book，重新创建表 book，在表中的 info 字段上创建全文索引。

首先删除表 book，SQL 语句如下：

```
DROP TABLE book;
```

然后重新创建表 book，SQL 语句如下：

```
CREATE TABLE book (
            bookid INT NOT NULL,
            bookname VARCHAR(255) NOT NULL,
            authors VARCHAR(255) NOT NULL,
            info VARCHAR(255) NULL,
            comment VARCHAR(255) NULL,
            publicyear YEAR NOT NULL
            )ENGINE=MyISAM;
```

使用 ALTER TABLE 语句在 book 表的 info 字段上创建名称为 fulltextidx 的全文索引，SQL 语句如下：

```
ALTER TABLE book ADD FULLTEXT INDEX fulltextidx(info);
```

上述 SQL 语句执行后，使用 SHOW CREATE TABLE 语句查看表的结构，结果如下所示：

```
mysql> SHOW CREATE TABLE book \G
*************************** 1. row ***************************
       Table: book
Create Table: CREATE TABLE 'book' (
  'bookid' int(11) NOT NULL,
  'bookname' varchar(255) COLLATE utf8_bin NOT NULL,
  'authors' varchar(255) COLLATE utf8_bin NOT NULL,
  'info' varchar(255) COLLATE utf8_bin DEFAULT NULL,
  'comment' varchar(255) COLLATE utf8_bin DEFAULT NULL,
```

```
    'publicyear' year(4) NOT NULL,
    FULLTEXT KEY 'fulltextidx' ('info')
) ENGINE=MyISAM DEFAULT CHARSET=utf8 COLLATE=utf8_bin
1 row in set (0.00 sec)
```

从上述结果可以看出，book 表中的 info 字段上已经建立了一个名称为 fulltextidx 的全文索引。

6) 创建空间索引

【例 2-40】 创建表 t8，在表中的 space 字段上创建名称为 spatidx 的空间索引。

首先创建数据表 t8，SQL 语句如下所示：

```
CREATE TABLE t8 (
            space GEOMETRY NOT NULL
            )ENGINE=MyISAM;
```

使用 ALTER TABLE 语句在 book 表的 space 字段上创建名称为 spatidx 的空间索引，SQL 语句如下所示：

```
ALTER TABLE t8 ADD SPATIAL INDEX spatidx(space);
```

上述 SQL 语句执行后，使用 SHOW CREATE TABLE 语句查看表的结构，结果如下所示：

```
mysql> SHOW CREATE TABLE t8 \G
*************************** 1. row ***************************
       Table: t8
Create Table: CREATE TABLE 't8' (
  'space' geometry NOT NULL,
  SPATIAL KEY 'spatidx' ('space')
) ENGINE=MyISAM DEFAULT CHARSET=utf8 COLLATE=utf8_bin
1 row in set (0.00 sec)
```

从上述结果可以看出，t8 表中的 space 字段上已经建立了一个名称为 spatidx 的空间索引。

2.6.3 删除索引

由于索引会占用一定的磁盘空间，因此，为了避免影响数据库性能，应该及时删除不再使用的索引。删除索引的方式有两种，具体如下。

1. 使用 ALTER TABLE 删除索引

使用 ALTER TABLE 删除索引的基本语法格式如下所示：

```
ALTER TABLE 表名 DROP INDEX 索引名
```

【例 2-41】 删除表 book 中名称为 fulltextidx 的全文索引。

在删除索引之前,首先通过 SHOW CREATE TABLE 语句查看 book 表,结果如下:

```
mysql> SHOW CREATE TABLE book\G
*************************** 1. row ***************************
       Table: book
Create Table: CREATE TABLE 'book' (
  'bookid' int(11) NOT NULL,
  'bookname' varchar(255) COLLATE utf8_bin NOT NULL,
  'authors' varchar(255) COLLATE utf8_bin NOT NULL,
  'info' varchar(255) COLLATE utf8_bin DEFAULT NULL,
  'comment' varchar(255) COLLATE utf8_bin DEFAULT NULL,
  'publicyear' year(4) NOT NULL,
  FULLTEXT KEY 'fulltextidx' ('info')
) ENGINE=MyISAM DEFAULT CHARSET=utf8 COLLATE=utf8_bin
1 row in set (0.00 sec)
```

从上述结果可以看出,表 book 中存在一个名称为 fulltextidx 的全文索引,要想删除该索引,可以使用以下 SQL 语句:

```
ALTER TABLE book DROP INDEX fulltextidx;
```

上述 SQL 语句执行后,使用 SHOW CREATE TABLE 语句查看表的结构,结果如下所示:

```
mysql> SHOW CREATE TABLE book\G
*************************** 1. row ***************************
       Table: book
Create Table: CREATE TABLE 'book' (
  'bookid' int(11) NOT NULL,
  'bookname' varchar(255) COLLATE utf8_bin NOT NULL,
  'authors' varchar(255) COLLATE utf8_bin NOT NULL,
  'info' varchar(255) COLLATE utf8_bin DEFAULT NULL,
  'comment' varchar(255) COLLATE utf8_bin DEFAULT NULL,
  'publicyear' year(4) NOT NULL
) ENGINE=MyISAM DEFAULT CHARSET=utf8 COLLATE=utf8_bin
1 row in set (0.00 sec)
```

由此可以看出,book 表中名称为 fulltextidx 的索引被成功删除了。

2. 使用 DROP INDEX 删除索引

使用 DROP INDEX 删除索引的基本语法格式如下所示:

```
DROP INDEX 索引名 ON 表名;
```

【例 2-42】 删除表 t8 中名称为 spatidx 的空间索引，SQL 语句如下：

```
DROP INDEX spatidx ON t8;
```

上述 SQL 代码执行后，使用 SHOW CREATE TABLE 语句查看表的结构，结果如下所示：

```
mysql> SHOW CREATE TABLE t8\G
*************************** 1.row ***************************
       Table: t8
Create Table: CREATE TABLE 't8' (
  'space' geometry NOT NULL
) ENGINE=MyISAM DEFAULT CHARSET=utf8 COLLATE=utf8_bin
1 row in set (0.00 sec)
```

由此可以看出，表 t8 中名称为 spatidx 的索引被成功删除了。

小　　结

本章主要讲解了数据库的基本操作、数据表的基本操作、数据类型、表的约束以及索引。其中，数据库和数据表的操作是本章的重要内容，需要通过实践练习加以透彻了解。表的约束和索引是本章难点，希望读者在使用时，可以结合表的实际情况去运用。

测　一　测

1. 简述主键的作用及其特征，并写出创建数据表 student 中 stu_id 和 course_id 两个字段共同作为主键的 SQL 语句。

2. 简述什么是索引以及索引的分类，并写出为 name 字段建立全文索引的 SQL 语句。

扫描右方二维码，查看思考题答案。

第 3 章

添加、更新与删除数据

学习目标
- 学会为数据表的字段添加数据
- 学会更新数据表中的数据
- 学会删除数据表中的数据

通过第 2 章的学习,相信读者对数据库和数据表的基本操作有了一定了解,但要想操作数据库中的数据,必须通过 MySQL 提供的数据库操作语言实现,包括插入数据的 INSERT 语句,更新数据的 UPDATE 语句以及删除数据的 DELETE 语句,本章将针对这些操作进行详细的讲解。

3.1 添加数据

要想操作数据表中的数据,首先要保证数据表中存在数据。MySQL 使用 INSERT 语句向数据表中添加数据,并且根据添加方式的不同分为三种,分别是为表的所有字段添加数据、为表的指定字段添加数据、同时添加多条记录。本节将针对这三种添加数据的方式进行详细的讲解。

3.1.1 为表中所有字段添加数据

通常情况下,向数据表中添加的新记录应该包含表的所有字段,即为该表中的所有字段添加数据,为表中所有字段添加数据的 INSERT 语句有两种,具体如下。

1. INSERT 语句中指定所有字段名

向表中添加新记录时,可以在 INSERT 语句中列出表的所有字段名,其语法格式如下所示:

```
INSERT INTO 表名(字段名1,字段名2,…)
       VALUES(值1,值2,…);
```

在上述语法格式中,"字段名1,字段名2,…"表示数据表中的字段名称,此处必须列出表中所有字段的名称;"值1,值2,…"表示每个字段的值,每个值的顺序、类型必须与对应的字段相匹配。

【例3-1】 向 student 表中添加一条新记录,记录中 id 字段的值为1,name 字段的值为'zhangsan',grade 字段的值为98.5。

在添加新记录之前需要先创建一个数据库 chapter03,创建数据库的 SQL 语句如下所示:

```
CREATE DATABASE chapter03;
```

选择使用数据库 chapter03,SQL 语句如下:

```
USE chapter03;
```

在数据库中创建一个表 student,用于存储学生信息,创建 student 表的 SQL 语句如下所示:

```
CREATE TABLE student(
    id      INT(4),
    name    VARCHAR(20) NOT NULL,
    grade FLOAT
);
```

使用 INSERT 语句向 student 表中插入一条数据,SQL 语句如下所示:

```
INSERT INTO student(id,name,grade)
VALUES(1,'zhangsan',98.5);
```

当上述 SQL 语句执行成功后,会在表 student 中添加一条数据。为了验证数据是否添加成功,使用 SELECT 语句查看 student 表中的数据,查询结果如下:

```
mysql> SELECT * FROM student;
+------+----------+-------+
| id   | name     | grade |
+------+----------+-------+
| 1    | zhangsan | 98.5  |
+------+----------+-------+
1 row in set (0.00 sec)
```

从查询结果可以看出,student 表中成功地添加了一条记录,"1 row in set"表示查询出了一条记录。关于 SELECT 查询语句的相关知识,将在第4章进行详细讲解,这里有个大致印象即可。需要注意的是,使用 INSERT 语句添加记录时,表名后的字段顺序可以与其在表中定义的顺序不一致,它们只需要与 VALUES 中值的顺序一致即可。

【例3-2】 向 student 表中添加一条新记录,记录中 id 字段的值为2,name 字段的值为'lisi',grade 字段的值为 95,SQL 语句如下所示：

```
INSERT INTO student(name,grade,id)
VALUES('lisi',95,2);
```

执行结果如下所示：

```
mysql> INSERT INTO student(name,grade,id)
    ->VALUES('lisi',95,2);
Query OK, 1 row affected (0.02 sec)
```

从执行结果可以看到，三个字段 id，name 和 grade 的顺序进行了调换，同时 VALUES 后面值的顺序也做了相应的调换，INSERT 语句同样执行成功，接下来通过查询语句查看数据是否成功添加，执行结果如下所示：

```
mysql> select * from student;
+------+----------+-------+
| id   | name     | grade |
+------+----------+-------+
| 1    | zhangsan | 98.5  |
| 2    | lisi     | 95    |
+------+----------+-------+
2 rows in set (0.00 sec)
```

从查询结果可以看出，student 表中同样成功地添加了一条记录。

2. INSERT 语句中不指定字段名

在 MySQL 中，可以通过不指定字段名的方式添加记录，其基本的语法格式如下所示：

```
INSERT INTO 表名 VALUES(值1,值2,…);
```

在上述格式中，"值 1,值 2,…"用于指定要添加的数据。需要注意的是，由于 INSERT 语句中没有指定字段名，添加的值的顺序必须和字段在表中定义的顺序相同。

【例 3-3】 向 student 表中添加一条新记录，记录中 id 字段的值为 3，name 字段的值为'wangwu'，grade 字段的值为 61.5，INSERT 语句如下所示：

```
INSERT INTO student
VALUES(3,'wangwu',61.5);
```

SQL 语句执行成功后，同样会在 student 表中添加一条新的记录。为了验证数据是否添加成功，使用 SELECT 语句查看 student 表中的数据，查询结果如下所示：

```
mysql> select * from student;
+------+----------+-------+
| id   | name     | grade |
+------+----------+-------+
|  1   | zhangsan | 98.5  |
|  2   | lisi     | 95    |
|  3   | wangwu   | 61.5  |
+------+----------+-------+
3 rows in set (0.00 sec)
```

从上述结果可以看出，student 表中成功添加了一条记录。由此可见，INSERT 语句中不指定字段名同样可以成功添加数据。

3.1.2　为表的指定字段添加数据

为表的指定字段添加数据，就是在 INSERT 语句中只向部分字段中添加值，而其他字段的值为表定义时的默认值。为表的指定字段添加数据的基本语法格式如下所示：

```
INSERT INTO 表名(字段1,字段2,…)
       VALUES(值1,值2,…)
```

在上述语法格式中，"字段1,字段2,…"表示数据表中的字段名称，此次只指定表中部分字段的名称。"值1,值2,…"表示指定字段的值，每个值的顺序、类型必须与对应的字段相匹配。

【例 3-4】　向 student 表中添加一条新记录，记录中 id 字段的值为 4，name 字段的值为 "zhaoliu"，grade 字段不指定值，SQL 语句如下所示：

```
INSERT INTO student(id,name)
          VALUES(4,'zhaoliu');
```

上述 SQL 语句执行成功后，会向 student 表中添加一条新的数据。为了验证数据是否添加成功，使用 SELECT 语句查看 student 表，结果如下所示：

```
mysql> select * from student;
+------+----------+-------+
| id   | name     | grade |
+------+----------+-------+
|  1   | zhangsan | 98.5  |
|  2   | lisi     | 95    |
|  3   | wangwu   | 61.5  |
|  4   | zhaoliu  | NULL  |
+------+----------+-------+
4 rows in set (0.00 sec)
```

从查询结果可以看出,新记录添加成功,但是 grade 字段的值为 NULL。这是因为在添加新记录时,如果没有为某个字段赋值,系统会自动为该字段添加默认值。通过 SQL 语句"SHOW CREATE TABLE student\G"可以查看 student 表的详细结构,SQL 执行结果如下所示:

```
mysql> SHOW CREATE TABLE student\G
*************************** 1. row ***************************
       Table: student
Create Table: CREATE TABLE 'student' (
  'id' int(4) DEFAULT NULL,
  'name' varchar(20) NOT NULL,
  'grade' float DEFAULT NULL
) ENGINE=InnoDB DEFAULT CHARSET=utf8
1 row in set (0.00 sec)
```

从表的详细结构中可以看出,grade 字段的默认值为 NULL。本例中没有为 grade 字段赋值,系统会自动为其添加默认值 NULL。

需要注意的是,如果某个字段在定义时添加了非空约束,但没有添加 default 约束,那么插入新记录时就必须为该字段赋值,否则数据库系统会提示错误。

【例 3-5】 向 student 表中添加一条新记录,记录中 id 字段的值为 5,grade 字段的值为 97,name 字段不指定值,SQL 语句如下所示:

```
INSERT INTO student(id,grade)
        VALUES(5,97);
```

执行结果如下所示:

```
mysql> INSERT INTO student(id,grade)
    ->VALUES(5,97);
ERROR 1364 (HY000): Field 'name' doesn't have a default value
```

从执行结果可以看出,执行 INSERT 语句时发生了错误,发生错误的原因是 name 字段没有指定默认值,且添加了非 NULL 约束。接下来,通过查询语句查看数据是否成功添加,执行结果如下所示:

```
mysql> SELECT * FROM student;
+------+----------+-------+
| id   | name     | grade |
+------+----------+-------+
|  1   | zhangsan | 98.5  |
|  2   | lisi     | 95    |
|  3   | wangwu   | 61.5  |
```

```
| 4      | zhaoliu   | NULL   |
+--------+-----------+--------+
4 rows in set (0.00 sec)
```

通过查询结果可以看到，student 表中仍然只有 4 条记录，新记录没有添加成功。

为指定字段添加数据时，指定字段也无须与其在表中定义的顺序一致，它们只要与 VALUES 中值的顺序一致即可。

【例 3-6】 向 student 表中添加一条新记录，记录中 name 字段的值为'sunbin',grade 字段的值为 55,id 字段不指定值，SQL 语句如下所示：

```
INSERT INTO student(grade,name)
VALUES(55,'sunbin');
```

执行 INSERT 语句向 student 表中添加数据，然后通过查询语句查看数据是否成功添加，执行结果如下所示：

```
mysql> SELECT * FROM student;
+--------+-----------+--------+
| id     | name      | grade  |
+--------+-----------+--------+
| 1      | zhangsan  | 98.5   |
| 2      | lisi      | 95     |
| 3      | wangwu    | 61.5   |
| 4      | zhaoliu   | NULL   |
| NULL   | sunbin    | 55     |
+--------+-----------+--------+
5 rows in set (0.00 sec)
```

从查询结果可以看出，新记录添加成功。

 多学一招：INSERT 语句的其他写法

INSERT 语句还有一种语法格式，可以为表中指定的字段或者全部字段添加数据，其格式如下所示：

```
INSERT INTO 表名
SET 字段名 1=值 1[,字段名 2=值 2,…]
```

在上面的语法格式中，"字段名 1"、"字段名 2"是指需要添加数据的字段名称，"值 1"、"值 2"表示添加的数据。如果在 SET 关键字后面指定了多个"字段名=值"对，每对之间使用逗号分隔，最后一个"字段名=值"对之后不需要逗号。接下来通过一个案例来演示使用这种语法格式向 student 表中添加记录。

【例3-7】 向 student 表中添加一条新记录,该条记录中 id 字段的值为 5,name 字段的值为'boya',grade 字段的值为 99,INSERT 语句如下所示:

```
INSERT INTO student
SET id=5,name='boya',grade=99;
```

执行结果如下所示:

```
mysql> INSERT INTO student
    -> SET id=5,name='boya',grade=99;
Query OK, 1 row affected (0.00 sec)
```

从执行结果可以看到 INSERT 语句成功执行,接下来通过查询语句查看数据是否成功添加,执行结果如下所示:

```
mysql> SELECT * FROM student;
+------+---------+-------+
| id   | name    | grade |
+------+---------+-------+
|    1 | zhangsan| 98.5  |
|    2 | lisi    | 95    |
|    3 | wangwu  | 61.5  |
|    4 | zhaoliu | NULL  |
| NULL | sunbin  | 55    |
|    5 | boya    | 99    |
+------+---------+-------+
6 rows in set (0.00 sec)
```

从查询结果可以看出,student 表中新记录添加成功。

3.1.3 同时添加多条记录

有时候,需要一次向表中添加多条记录,当然,可以使用上面学习的两种方式将记录逐条添加,但是这样做需要书写多条 INSERT 语句,比较麻烦。其实,在 MySQL 中提供了使用一条 INSERT 语句同时添加多条记录的功能,其语法格式如下所示:

```
INSERT INTO 表名[(字段名1,字段名2,…)]
        VALUES(值1,值2,…),(值1,值2,…),
        …
        (值1,值2,…);
```

在上述语法格式中,"(字段名1,字段名2,…)"是可选的,用于指定插入的字段名。"(值1,值2,…)"表示要插入的记录,该记录可以有多条,并且每条记录之间用逗号隔开。

【例3-8】 向 student 表中添加三条新记录，INSERT 语句如下所示：

```
INSERT INTO student VALUES
(6,'lilei',99),
(7,'hanmeimei',100),
(8,'poly',40.5);
```

执行结果如下所示：

```
mysql> INSERT INTO student VALUES
    ->(6,'lilei',99),
    ->(7,'hanmeimei',100),
    ->(8,'poly',40.5);
Query OK, 3 rows affected (0.00 sec)
Records: 3  Duplicates: 0  Warnings: 0
```

从执行结果可以看出，INSERT 语句成功执行。其中"Records：3"表示添加三条记录，"Duplicates：0"表示添加的三条记录没有重复，"Warning：0"表示添加记录时没有警告。在添加多条记录时，可以不指定字段列表，只需要保证 VALUES 后面跟随的值列表依照字段在表中定义的顺序即可。接下来通过查询语句查看数据是否成功添加，执行结果如下所示：

```
mysql> SELECT * FROM student;
+------+-----------+-------+
| id   | name      | grade |
+------+-----------+-------+
|    1 | zhangsan  | 98.5  |
|    2 | lisi      | 95    |
|    3 | wangwu    | 61.5  |
|    4 | zhaoliu   | NULL  |
| NULL | sunbin    | 55    |
|    5 | boya      | 99    |
|    6 | lilei     | 99    |
|    7 | hanmeimei | 100   |
|    8 | poly      | 40.5  |
+------+-----------+-------+
8 rows in set (0.00 sec)
```

从查询结果可以看到，student 表中添加了三条新的记录。

和添加单条记录一样，如果不指定字段名，必须为每个字段添加数据，如果指定了字段名，就只需要为指定的字段添加数据。

【例3-9】 向 student 表中添加三条新记录，记录中只为 id 和 name 字段添加值，INSERT 语句如下所示：

```
INSERT INTO student(id,name) VALUES
(9,'liubei'),(10,'guanyu'),(11,'zhangfei');
```

执行 INSERT 语句向 student 表中添加数据，然后通过查询语句查看数据是否成功添加，执行结果如下所示：

```
mysql> SELECT * FROM student
    ->WHERE id>8;
+------+----------+-------+
| id   | name     | grade |
+------+----------+-------+
|  9   | liubei   | NULL  |
|  10  | guanyu   | NULL  |
|  11  | zhangfei | NULL  |
+------+----------+-------+
3 rows in set (0.01 sec)
```

通过查询结果可以看出，student 表中添加了三条新的记录，由于 INSERT 语句中没有为 grade 字段添加值，系统自动为其添加默认值 NULL。需要注意的是，由于 student 表中存在多条记录，都查询出来不便于观察，因此在查询语句中使用了 WHERE 子句来指定查询条件，WHERE id>8 限定了只查询 student 表中 id 值大于 8 的记录。

3.2 更新数据

更新数据是指对表中存在的记录进行修改，这是数据库常见的操作，比如某个学生改了名字，就需要对其记录信息中的 name 字段值进行修改。MySQL 中使用 UPDATE 语句来更新表中的记录，其基本的语法格式如下所示：

```
UPDATE 表名
    SET 字段名 1=值 1[,字段名 2 =值 2,…]
    [WHERE 条件表达式]
```

在上述语法格式中，"字段名 1"，"字段名 2"用于指定要更新的字段名称，"值 1"，"值 2"用于表示字段更新的新数据。"WHERE 条件表达式"是可选的，用于指定更新数据需要满足的条件。UPDATE 语句可以更新表中的部分数据和全部数据，下面就对这两种情况进行讲解。

1. UPDATE 更新部分数据

更新部分数据是指根据指定条件更新表中的某一条或者某几条记录，需要使用 WHERE 子句来指定更新记录的条件。

【例3-10】 更新 student 表中 id 字段值为 1 的记录,将记录中的 name 字段的值更改为'caocao', grade 字段的值更改为 50。在更新数据之前,首先使用查询语句查看 id 字段值为 1 的记录,执行结果如下所示:

```
mysql> SELECT * FROM student
    ->WHERE id=1;
+------+----------+-------+
| id   | name     | grade |
+------+----------+-------+
|  1   | zhangsan | 98.5  |
+------+----------+-------+
1 row in set (0.00 sec)
```

从查询结果可以看到,id 字段值为 1 的记录只有一条,记录中 name 字段的值为'zhangsan',grade 字段的值为 98.5。下面使用 UPDATE 语句更新这条记录,SQL 语句如下所示:

```
UPDATE student
set name='caocao',grade=50
WHERE id=1;
```

上述 SQL 语句执行成功后,会将 id 为 1 的数据进行更新。为了验证数据是否更新成功,使用 SELECT 语句查看数据库 student 中 id 为 1 的记录,查询结果如下所示:

```
mysql> SELECT * FROM student
    ->WHERE id=1;
+------+--------+-------+
| id   | name   | grade |
+------+--------+-------+
|  1   | caocao | 50    |
+------+--------+-------+
1 row in set (0.00 sec)
```

从查询结果可以看到,id 字段值为 1 的记录发生了更新,记录中 name 字段的值变为'caocao',grade 字段的值变为 50。如果表中有多条记录满足 WHERE 子句中的条件表达式,则满足条件的记录都会发生更新。

【例3-11】 更新 student 表中 id 字段值小于 4 的记录,将这些记录的 grade 字段值都更新为 100。在更新数据前,首先使用查询语句查看 id 字段值小 4 的记录,执行结果如下所示:

```
mysql> SELECT * FROM student
    ->WHERE id< 4;
```

```
+------+--------+-------+
| id   | name   | grade |
+------+--------+-------+
|  1   | caocao |  50   |
|  2   | lisi   |  95   |
|  3   | wangwu |  61.5 |
+------+--------+-------+
3 rows in set (0.00 sec)
```

从查看结果可以看到,id 字段值小于 4 的记录一共有三条,它们的 grade 字段值各不相同。下面使用 UPDATE 语句更新这三条记录,UPDATE 语句如下所示:

```
UPDATE student
SET grade=100
WHERE id<4;
```

执行 UPDATE 语句更新 student 表中的数据,然后通过查询语句查看更新后的数据,执行结果如下所示:

```
mysql> SELECT * FROM student
    ->WHERE id<4;
+------+--------+-------+
| id   | name   | grade |
+------+--------+-------+
|  1   | caocao |  100  |
|  2   | lisi   |  100  |
|  3   | wangwu |  100  |
+------+--------+-------+
3 rows in set (0.00 sec)
```

从查询结果可以看出,id 字段值为 1、2、3 的记录其 grade 字段值都变为 100,这说明满足 WHERE 子句中条件表达式的记录都更新成功。

2. UPDATE 更新全部数据

在 UPDATE 语句中如果没有使用 WHERE 子句,则会将表中所有记录的指定字段都进行更新。

【例 3-12】 更新 student 表中全部记录,将 grade 字段值都更新为 80,UPDATE 语句如下所示:

```
UPDATE student
SET grade=80;
```

执行 UPDATE 语句更新 student 表中的数据,接下来通过查询语句查看更新后的记录,SQL 语句如下所示:

```
mysql> select * from student;
+------+----------+-------+
| id   | name     | grade |
+------+----------+-------+
|    1 | caocao   |    80 |
|    2 | lisi     |    80 |
|    3 | wangwu   |    80 |
|    4 | zhaoliu  |    80 |
| NULL | sunbin   |    80 |
|    5 | boya     |    80 |
|    6 | lilei    |    80 |
|    7 | hanmeimei|    80 |
|    8 | poly     |    80 |
|    9 | liubei   |    80 |
|   10 | guanyu   |    80 |
|   11 | zhangfei |    80 |
+------+----------+-------+
11 rows in set (0.00 sec)
```

从查询结果可以看出,student 表中所有记录的 grade 字段都变为 80,数据更新成功。

3.3 删除数据

删除数据是指对表中存在的记录进行删除,这是数据库的常见操作,比如一个学生转学了,就需要在 student 表中将其信息记录删除。MySQL 中使用 DELETE 语句来删除表中的记录,其语法格式如下所示:

DELETE FROM 表名 [WHERE 条件表达式]

在上面的语法格式中,"表名"指定要执行删除操作的表,[WHERE 条件表达式]为可选参数,用于指定删除的条件,满足条件的记录会被删除。DELETE 语句可以删除表中的部分数据和全部数据,下面就对这两种情况进行讲解。

1. DELETE 删除部分数据

删除部分数据是指根据指定条件删除表中的某一条或者某几条记录,需要使用 WHERE 子句来指定删除记录的条件。

【例 3-13】 在 student 表中,删除 id 字段值为 11 的记录,在删除数据之前,首先使用查询语句查看 id 字段值为 11 的记录,执行结果如下所示:

```
mysql> SELECT * FROM student
    ->WHERE id=11;
+------+----------+-------+
| id   | name     | grade |
```

```
+------+----------+-------+
|  11  | zhangfei |  80   |
+------+----------+-------+
1 row in set (0.02 sec)
```

从查询结果可以看到,student 表中有一条 id 字段值为 11 的记录,下面使用 DELETE 语句删除这条记录,DELETE 语句如下所示:

```
DELETE FROM student
WHERE id=11;
```

执行结果如下所示:

```
mysql> DELETE FROM student
    ->WHERE id=11;
Query OK, 1 row affected (0.00 sec)
```

从执行结果可以看出,DELETE 语句成功执行,接下来再次通过查询语句查看 id 字段值为 11 的记录,执行结果如下所示:

```
mysql> SELECT * FROM student
    ->WHERE id=11;
Empty set (0.00 sec)
```

从查询结果可以看到记录为空,说明 id 字段值为 11 的记录被成功删除。

在执行删除操作的表中,如果有多条记录满足 WHERE 子句中的条件表达式,则满足条件的记录都会被删除。

【例 3-14】 在 student 表中,删除 id 字段值大于 5 的所有记录,在删除数据之前,首先使用查询语句查看 id 字段值大于 5 的所有记录,执行结果如下所示:

```
mysql> SELECT * FROM student
    ->WHERE id>5;
+------+----------+-------+
|  id  |  name    | grade |
+------+----------+-------+
|   6  | lilei    |  80   |
|   7  | hanmeimei|  80   |
|   8  | poly     |  80   |
|   9  | liubei   |  80   |
|  10  | guanyu   |  80   |
+------+----------+-------+
5 rows in set (0.00 sec)
```

从查询结果可以看到,student 表中 id 字段值大于 5 的记录有 5 条,下面使用

DELETE 语句删除满足条件的这 5 条记录,DELETE 语句如下所示:

```
DELETE FROM student
WHERE id>5;
```

执行 DELETE 语句删除 student 表中的数据,然后再次通过查询语句查看 id 字段值大于 5 的记录,执行结果如下所示:

```
mysql> SELECT * FROM student
    ->WHERE id>5;
Empty set (0.00 sec)
```

从查询结果可以看到记录为空,说明 id 字段值大于 5 的记录被成功删除了。

2. DELETE 删除全部数据

在 DELETE 语句中如果没有使用 WHERE 子句,则会将表中的所有记录都删除。

【例 3-15】 删除 student 表中的所有记录,在删除数据之前首先使用查询语句查看 student 表中的所有记录,执行结果如下所示:

```
mysql> SELECT * FROM student;
+------+---------+-------+
| id   | name    |grade  |
+------+---------+-------+
|  1   | caocao  |  80   |
|  2   | lisi    |  80   |
|  3   | wangwu  |  80   |
|  4   | zhaoliu |  80   |
| NULL | sunbin  |  80   |
|  5   | boya    |  80   |
+------+---------+-------+
6 rows in set (0.00 sec)
```

从查询结果可以看出,student 表中还有 6 条记录,下面使用 DELETE 语句将这 6 条记录全部删除,DELETE 语句如下所示:

```
DELETE FROM student;
```

执行 DELETE 语句删除 student 表中的数据,然后再次通过查询语句查看 student 表中的记录,执行结果如下所示:

```
mysql> SELECT * FROM student;
Empty set (0.00 sec)
```

从查询结果可以看到记录为空,说明表中所有的记录被成功删除。

多学一招：使用关键字 TRUNCATE 删除表中数据

在 MySQL 数据库中，还有一种方式可以用来删除表中所有的记录，这种方式需要用到一个关键字 TRUNCATE，其语法格式如下：

```
TRUNCATE [TABLE] 表名
```

TRUNCATE 的语法格式很简单，只需要通过"表名"指定要执行删除操作的表即可。下面通过一个案例来演示 TRUNCEATE 的用法。

【例3-16】 在数据库 chapter03 中创建一张表 tab_truncate，创建 tab_truncate 表的 SQL 语句如下所示：

```
CREATE TABLE tab_truncate(
    id INT(3) PRIMARY KEY AUTO_INCREMENT,
    name VARCHAR(4)
);
```

在创建的 tab_truncate 表中，id 字段值设置了 AUTO_INCREMENT，在每次添加记录时系统会为该字段自动添加值，id 字段的默认初始值是 1，每添加一条记录，该字段值会自动加 1。接下来向 tab_truncate 表中添加 5 条记录，且只添加 name 字段的值，SQL 语句如下所示：

```
INSERT INTO tab_truncate(name)
VALUES('A'),('B'),('C'),('D'),('E');
```

执行 INSERT 语句向 tab_truncate 表中添加 5 条记录，接下来通过查询语句查看数据是否成功添加，执行结果如下所示：

```
mysql> SELECT * FROM tab_truncate;
+----+------+
| id | name |
+----+------+
|  1 |  A   |
|  2 |  B   |
|  3 |  C   |
|  4 |  D   |
|  5 |  E   |
+----+------+
5 rows in set (0.00 sec)
```

从查询结果可以看出，tab_truncate 表中添加了 5 条记录，且系统自动为每条记录的 id 字段添加了值。接下来使用 TRUNCATE 语句删除 tab_truncate 表中的所有记录，TRUNCATE 语句如下所示：

```
TRUNCATE TABLE tab_truncate;
```

执行结果如下所示：

```
mysql> TRUNCATE TABLE tab_truncate;
Query OK, 0 rows affected (0.02 sec)
```

从执行结果可以看到 TRUNCATE 语句成功执行，接下来通过查询语句查看 tab_truncate 表中的记录是否删除成功，执行语句如下所示：

```
mysql> SELECT * FROM tab_truncate;
Empty set (0.00 sec)
```

通过查询结果可以看到记录为空，说明 tab_truncate 表中的记录被全部删除了。

TRUNCATE 语句和 DETELE 语句都能实现删除表中的所有数据的功能，但两者也有一定的区别，下面就针对两者的区别进行说明。

(1) DELETE 语句是 DML 语句，TRUNCATE 语句通常被认为是 DDL 语句。

(2) DELETE 语句后面可以跟 WHERE 子句，通过指定 WHERE 子句中的条件表达式只删除满足条件的部分记录，而 TRUNCATE 语句只能用于删除表中的所有记录。

(3) 使用 TRUNCATE 语句删除表中的数据后，再次向表中添加记录时，自动增加字段的默认初始值重新由 1 开始，而使用 DELETE 语句删除表中所有记录后，再次向表中添加记录时，自动增加字段的值为删除时该字段的最大值加 1。

【例 3-17】 在空表 tab_truncate 中，重新添加 5 条记录，SQL 语句如下：

```
INSERT INTO tab_truncate(name)
VALUES('F'),('G'),('H'),('I'),('J');
```

执行 INSERT 语句向 tab_truncate 表中添加 5 条记录，使用查询语句查看表中的记录，执行结果如下所示：

```
mysql> SELECT * FROM tab_truncate;
+----+------+
| id | name |
+----+------+
|  1 | F    |
|  2 | G    |
|  3 | H    |
|  4 | I    |
|  5 | J    |
+----+------+
5 rows in set (0.00 sec)
```

从查询结果可以看出，系统为 tab_truncate 表中 id 字段默认添加了值，初始值从 1 开始。接下来使用 DELETE 语句删除 tab_truncate 表中的所有记录，DELETE 语句如下所示：

```
DELETE FROM tab_truncate;
```

执行 DELETE 语句删除 tab_truncate 表中全部记录,然后向表中添加一条新记录,SQL 语句如下所示:

```
INSERT INTO tab_truncate(name) VALUES('K');
```

执行 INSERT 语句向 tab_truncate 表中添加一条记录,再次使用查询语句查看表中的记录,SQL 语句如下所示:

```
mysql> SELECT * FROM tab_truncate;
+----+------+
| id | name |
+----+------+
|  6 |  K   |
+----+------+
1 row in set (0.00 sec)
```

从查询结果可以看到,新添加记录的 id 字段为 6,这是因为在使用 DELETE 语句删除的 5 条记录中,id 字段的最大值为 5,因此再次添加记录时,新记录的 id 字段值就为 5+1。

(4) 使用 DELETE 语句时,每删除一条记录都会在日志中记录,而使用 TRUNCATE 语句时,不会在日志中记录删除的内容,因此 TRUNCATE 语句的执行效率比 DELETE 语句高。

小　　结

本章主要讲解了添加、更新和删除表中数据的基本操作,这些内容都是本章的重点,也是数据库开发最基础的操作。读者在学习时一定要多加练习,在实际操作中掌握本章的内容,为以后的数据库操作学习和数据库开发奠定坚实的基础。

测　一　测

1. 创建一个 student 表,字段信息为 id 整型字段,name 字符串类型且非空,grade 浮点类型。根据字段类型向表中添加 1 条新记录。

2. 更新 student 表中 grade 字段的值,使 grade 字段的值在原有基础上都增加 10 分,但超出 100 分的 grade 值都修改为 100。

扫描右方二维码,查看思考题答案。

第 4 章

单表查询

学习目标

- 掌握简单查询，会使用 SELECT 语句查询所有字段和指定的字段
- 掌握按条件查询，会使用运算符以及不同的关键字进行查询
- 掌握高级查询，会使用聚合函数查询、分组查询等
- 学会为表和字段起别名

通过前面章节的学习，知道了如何对数据进行添加、修改、删除等操作，在数据库中还有一个更重要的操作就是查询数据，查询数据是指从数据库中获取所需要的数据，用户可以根据自己对数据的需求来查询不同的数据。本章将重点讲解如何针对 MySQL 数据库中的一张表进行查询。

4.1 简单查询

4.1.1 SELECT 语句

MySQL 从数据表中查询数据的基本语句是 SELECT 语句。在 SELECT 语句中，可以根据自己对数据的需求，使用不同的查询条件，SELECT 语句的基本语法格式如下：

```
SELECT [DISTINCT] * |字段名1, 字段名2, 字段名3,…
    FROM 表名
    [WHERE 条件表达式1]
    [GROUP BY 字段名 [HAVING 条件表达式2]]
    [ORDER BY 字段名 [ASC|DESC]]
    [LIMIT [OFFSET] 记录数]
```

从上述语法格式可以看出，一个 SELECT 语句由多个子句组成，其各子句的含义如下。

(1) SELECT [DISTINCT] * |字段名1, 字段名2,…："字段名1,字段名2,…"表示从表中查询的指定字段，星号(*)通配符表示表中所有字段，二者为互斥关系，任选其一。"DISTINCT"是可选参数，用于剔除查询结果中重复的数据。

(2) FROM 表名:表示从指定的表中查询数据。

(3) WHERE 条件表达式 1:"WHERE"是可选参数,用于指定查询条件。

(4) GROUP BY 字段名 [HAVING 条件表达式 2]:"GROUP BY"是可选参数,用于将查询结果按照指定字段进行分组,"HAVING"也是可选参数,用于对分组后的结果进行过滤。

(5) ORDER BY 字段名 [ASC|DESC]:"ORDER BY"是可选参数,用于将查询结果按照指定字段进行排序。排序方式由参数 ASC 或 DESC 控制,其中 ASC 表示按升序进行排列,DESC 表示按降序进行排列。如果不指定参数,默认为升序排列。

(6) LIMIT [OFFSET] 记录数:"LIMIT"是可选参数,用于限制查询结果的数量。LIMIT 后面可以跟两个参数,第一个参数"OFFSET"表示偏移量,如果偏移量为 0 则从查询结果的第一条记录开始,偏移量为 1 则从查询结果中的第二条记录开始,以此类推。OFFSET 为可选值,如果不指定其默认值为 0。第二个参数"记录数"表示返回查询记录的条数。

SELECT 语句相对来说比较复杂,对于初学者来说目前可能无法完全理解,在本章中将通过具体的案例对 SELECT 语句的各个部分进行逐一讲解。

4.1.2 查询所有字段

查询所有字段是指查询表中所有字段的数据,MySQL 中有两种方式可以查询表中所有字段,接下来将针对这两种方式进行详细的讲解。

1. 在 SELECT 语句中指定所有字段

在 SELECT 语句中列出所有字段名来查询表中的数据,其语法格式如下:

```
SELECT 字段名 1,字段名 2,…FROM 表名
```

在上述语法格式中,"字段名 1、字段名 2"表示查询的字段名,这里需要列出表中所有的字段名。

【例 4-1】 查询 student 表中的所有记录。为了实现查询功能,首先创建一个数据库 chapter04,创建数据库的 SQL 语句如下所示:

```
CREATE DATABASE chapter04;
```

选择使用 chapter04 数据库,SQL 语句如下所示:

```
USE chapter04;
```

在数据库 chapter04 中创建表 student,创建 student 表的 SQL 语句如下所示:

```
CREATE TABLE student(
    id INT(3) PRIMARY KEY AUTO_INCREMENT,
```

```
    name VARCHAR(20) NOT NULL,
    grade FLOAT,
    gender CHAR(2)
);
```

执行 SQL 语句创建 student 表,然后使用 INSERT 语句向 student 表中插入 8 条记录,INSERT 语句如下所示:

```
INSERT INTO student(name,grade,gender)
VALUES('songjiang',40,'男'),
('wuyong',100,'男'),
('qinming',90,'男'),
('husanniang',88,'女'),
('sunerniang',66,'女'),
('wusong',86,'男'),
('linchong',92,'男'),
('yanqing',90,NULL);
```

INSERT 语句执行成功后,接下来通过 SELECT 语句查询 student 表中的记录,SQL 语句如下所示:

```
SELECT id,name,grade,gender FROM student;
```

查询结果如下所示:

```
mysql> SELECT id,name,grade,gender FROM student;
+----+------------+-------+--------+
| id | name       | grade | gender |
+----+------------+-------+--------+
|  1 | songjiang  |    40 | 男     |
|  2 | wuyong     |   100 | 男     |
|  3 | qinming    |    90 | 男     |
|  4 | husanniang |    88 | 女     |
|  5 | sunerniang |    66 | 女     |
|  6 | wusong     |    86 | 男     |
|  7 | linchong   |    92 | 男     |
|  8 | yanqing    |    90 | NULL   |
+----+------------+-------+--------+
8 rows in set (0.00 sec)
```

从查询结果可以看出,SELECT 语句成功地查出了表中所有字段的数据。需要注意的是,在 SELECT 语句的查询字段列表中,字段的顺序是可以改变的,无须按照其表中定义的顺序进行排列,例如,在 SELECT 语句中将 name 字段放在查询列表的最后一列,执

行结果如下所示:

```
mysql> SELECT id,grade,gender,name FROM student;
+----+-------+--------+------------+
| id | grade | gender | name       |
+----+-------+--------+------------+
|  1 |    40 | 男     | songjiang  |
|  2 |   100 | 男     | wuyong     |
|  3 |    90 | 男     | qinming    |
|  4 |    88 | 女     | husanniang |
|  5 |    66 | 女     | sunerniang |
|  6 |    86 | 男     | wusong     |
|  7 |    92 | 男     | linchong   |
|  8 |    90 | NULL   | yanqing    |
+----+-------+--------+------------+
8 rows in set (0.00 sec)
```

从查询结果可以看出,在 SELECT 语句中将 name 字段放在最后一列,其查询结果中 name 字段的数据会在最后一列显示。

2. 在 SELECT 语句中使用星号("*")通配符代替所有字段

MySQL 中可以使用星号("*")通配符来代替所有的字段名,其语法格式如下所示:

```
SELECT * FROM 表名;
```

【例 4-2】 在 SELECT 语句中使用星号("*")通配符查询 student 表中的所有字段,SQL 语句如下所示:

```
SELECT * FROM student;
```

查询结果如下所示:

```
mysql> SELECT * FROM student;
+----+------------+-------+--------+
| id | name       | grade | gender |
+----+------------+-------+--------+
|  1 | songjiang  |    40 | 男     |
|  2 | wuyong     |   100 | 男     |
|  3 | qinming    |    90 | 男     |
|  4 | husanniang |    88 | 女     |
|  5 | sunerniang |    66 | 女     |
|  6 | wusong     |    86 | 男     |
|  7 | linchong   |    92 | 男     |
|  8 | yanqing    |    90 | NULL   |
```

```
+----+------------+-------+--------+
8 rows in set (0.01 sec)
```

从查询结果可以看出,使用星号(" * ")通配符同样可以查出表中所有字段的数据,这种方式比较简单,但查询结果只能按照字段在表中定义的顺序显示。

注意:一般情况下,除非需要使用表中所有字段的数据,否则最好不要使用星号通配符,使用通配符虽然可以节省输入查询语句的时间,但由于获取的数据过多会降低查询的效率。

4.1.3 查询指定字段

查询数据时,可以在 SELECT 语句的字段列表中指定要查询的字段,这种方式只针对部分字段进行查询,不会查询所有字段,其语法格式如下所示:

```
SELECT 字段名 1,字段名 2,… FROM 表名;
```

在上面的语法格式中"字段名 1,字段名 2,…"表示表中的字段名称,这里只需指定表中部分字段的名称。

【例 4-3】 使用 SELECT 语句查询 student 表中 name 字段和 gender 字段的数据,执行结果如下所示:

```
mysql> SELECT name,gender FROM student;
+------------+--------+
| name       | gender |
+------------+--------+
| songjiang  | 男     |
| wuyong     | 男     |
| qinming    | 男     |
| husanniang | 女     |
| sunerniang | 女     |
| wusong     | 男     |
| linchong   | 男     |
| yanqing    | NULL   |
+------------+--------+
8 rows in set (0.00 sec)
```

从查询结果可以看到,只查询了 name 字段和 gender 字段的数据。如果在 SELECT 语句中改变查询字段的顺序,查询结果中字段显示的顺序也会做相应改变,例如,将 SELECT 语句中的 name 字段和 gender 字段位置互换,执行结果如下所示:

```
mysql> SELECT gender,name FROM student;
+--------+------------+
| gender | name       |
```

```
+--------+-------------+
| 男     | songjiang   |
| 男     | wuyong      |
| 男     | qinming     |
| 女     | husanniang  |
| 女     | sunerniang  |
| 男     | wusong      |
| 男     | linchong    |
| NULL   | yanqing     |
+--------+-------------+
8 rows in set (0.05 sec)
```

从查询结果可以看出,字段显示的顺序和其在 SELECT 语句中指定的顺序一致。

4.2 按条件查询

数据库中包含大量的数据,很多时候需要根据需求获取指定的数据,或者对查询的数据重新进行排列组合,这时就要在 SELECT 语句中指定查询条件对查询结果进行过滤,本节将针对 SELECT 语句中使用的查询条件进行详细的讲解。

4.2.1 带关系运算符的查询

在 SELECT 语句中,最常见的是使用 WHERE 子句指定查询条件对数据进行过滤,其语法格式如下:

```
SELECT 字段名 1,字段名 2,…
FROM 表名
WHERE 条件表达式
```

在上面的语法格式中,"条件表达式"是指 SELECT 语句的查询条件。在 MySQL 中,提供了一系列的关系运算符,在 WHERE 子句中可以使用关系运算符连接操作数作为查询条件对数据进行过滤,常见的关系运算符如表 4-1 所示。

表 4-1 关系运算符

关系运算符	说　　明	关系运算符	说　　明
=	等于	<=	小于等于
<>	不等于	>	大于
!=	不等于	>=	大于等于
<	小于		

表 4-1 中的关系运算符读者都比较熟悉,需要说明的是"<>"运算符和"!="等价,都表示不等于。接下来以表 4-1 中的"="、">"关系运算符为例,将它们作为查询条件对

数据进行过滤。

【例 4-4】 查询 student 表中 id 为 4 的学生姓名，SQL 语句如下所示：

```
SELECT id,name FROM student WHERE id=4;
```

在 SELECT 语句中使用"＝"运算符获取 id 值为 4 的数据，执行 SELECT 语句，结果如下所示：

```
mysql> SELECT id,name FROM student WHERE id=4;
+----+------------+
| id | name       |
+----+------------+
|  4 | husanniang |
+----+------------+
1 row in set (0.00 sec)
```

从查询结果可以看到，id 为 4 的学生姓名为"husanniang"，其他均不满足查询条件。

【例 4-5】 使用 SELECT 语句查询 name 为"wusong"的学生性别，执行结果如下所示：

```
mysql> SELECT name,gender FROM student WHERE name='wusong';
+--------+--------+
| name   | gender |
+--------+--------+
| wusong | 男     |
+--------+--------+
1 row in set (0.01 sec)
```

从查询结果可以看到，姓名为"wusong"的记录只有一条，其性别为"男"。

【例 4-6】 查询 student 表中 grade 大于 80 的学生姓名，SQL 语句如下所示：

```
SELECT name,grade FROM student WHERE grade>80;
```

在 SELECT 语句中使用＞运算符获取 grade 值大于 80 的数据，执行 SELECT 语句，结果如下所示：

```
mysql> SELECT name,grade FROM student WHERE grade>80;
+------------+-------+
| name       | grade |
+------------+-------+
| wuyong     |   100 |
| qinming    |    90 |
| husanniang |    88 |
```

```
| wusong    |   86 |
| linchong  |   92 |
| yanqing   |   90 |
+-----------+------+
6 rows in set (0.00 sec)
```

从查询结果可以看到,所有记录的 grade 字段值均大于 80,而小于或等于 80 的记录不会被显示。

通过以上三个实例可以看出,在查询条件中,如果字段的类型为整型,直接书写内容,如果字段类型为字符串,需要在字符串上使用单引号,例如"wusong"。

4.2.2 带 IN 关键字的查询

IN 关键字用于判断某个字段的值是否在指定集合中,如果字段的值在集合中,则满足条件,该字段所在的记录将被查询出来。其语法格式如下所示:

```
SELECT * |字段名 1,字段名 2,…
FROM 表名
WHERE 字段名 [NOT] IN (元素 1,元素 2,…)
```

在上面的语法格式中,"元素 1,元素 2,…"表示集合中的元素,即指定的条件范围。NOT 是可选参数,使用 NOT 表示查询不在 IN 关键字指定集合范围中的记录。

【例 4-7】 查询 student 表中 id 值为 1、2、3 的记录,SQL 语句如下所示:

```
SELECT id,grade,name,gender FROM student WHERE id IN(1,2,3);
```

执行结果如下所示:

```
mysql> SELECT id,grade,name,gender FROM student WHERE id IN(1,2,3);
+----+-------+-----------+--------+
| id | grade | name      | gender |
+----+-------+-----------+--------+
|  1 |    40 | songjiang | 男     |
|  2 |   100 | wuyong    | 男     |
|  3 |    90 | qinming   | 男     |
+----+-------+-----------+--------+
3 rows in set (0.00 sec)
```

相反,在关键字 IN 之前使用 NOT 关键字可以查询不在指定集合范围内的记录。

【例 4-8】 查询 student 表中 id 值不为 1、2、3 的记录,SQL 语句如下所示:

```
SELECT id,grade,name,gender FROM student WHERE id NOT IN(1,2,3);
```

执行结果如下所示：

```
mysql> SELECT id,grade,name,gender FROM student WHERE id NOT IN(1,2,3);
+----+-------+------------+--------+
| id | grade | name       | gender |
+----+-------+------------+--------+
|  4 |    88 | husanniang | 女     |
|  5 |    66 | sunerniang | 女     |
|  6 |    86 | wusong     | 男     |
|  7 |    92 | linchong   | 男     |
|  8 |    90 | yanqing    | NULL   |
+----+-------+------------+--------+
5 rows in set (0.00 sec)
```

从查询结果可以看到，在 IN 关键字前使用了 NOT 关键字，查询的结果与例 4-7 中的查询结果正好相反，查出了 id 字段值不为 1、2、3 的所有记录。

4.2.3　带 BETWEEN AND 关键字的查询

BETWEEN AND 用于判断某个字段的值是否在指定的范围之内，如果字段的值在指定范围内，则满足条件，该字段所在的记录将被查询出来，反之则不会被查询出来。其语法格式如下所示：

```
SELECT * |{字段名 1,字段名 2,…}
FROM 表名
WHERE 字段名 [NOT] BETWEEN 值 1 AND 值 2
```

在上面的语法格式中，"值 1"表示范围条件的起始值，"值 2"表示范围条件的结束值。NOT 是可选参数，使用 NOT 表示查询指定范围之外的记录，通常情况下"值 1"小于"值 2"，否则查询不到任何结果。

【例 4-9】 查询 student 表中 id 值在 2～5 之间的学生姓名，SQL 语句如下所示：

```
SELECT id,name FROM student WHERE id BETWEEN 2 AND 5;
```

执行结果如下所示：

```
mysql> SELECT id,name FROM student WHERE id BETWEEN 2 AND 5;
+----+------------+
| id | name       |
+----+------------+
|  2 | wuyong     |
|  3 | qinming    |
|  4 | husanniang |
```

```
|  5  | sunerniang |
+-----+------------+
4 rows in set (0.00 sec)
```

从查询结果可以看到，查出了 id 字段值在 2～5 之间的所有记录，并且起始值 2 和结束值 5 也包括在内。

BETWEEN AND 之前可以使用 NOT 关键字，用来查询指定范围之外的记录。

【例 4-10】 查询 student 表中 id 值不在 2～5 之间的学生姓名，SQL 语句如下所示：

```
SELECT id,name FROM student WHERE id NOT BETWEEN 2 AND 5;
```

执行结果如下所示：

```
mysql> SELECT id,name FROM student WHERE id NOT BETWEEN 2 AND 5;
+-----+------------+
| id  | name       |
+-----+------------+
|  1  | songjiang  |
|  6  | wusong     |
|  7  | linchong   |
|  8  | yanqing    |
+-----+------------+
4 rows in set (0.00 sec)
```

从查询结果可以看出，查出记录的 id 字段值均小于 2 或者大于 5。

4.2.4 空值查询

在数据表中，某些列的值可能为空值（NULL），空值不同于 0，也不同于空字符串。在 MySQL 中，使用 IS NULL 关键字来判断字段的值是否为空值，其语法格式如下所示：

```
SELECT * |字段名 1,字段名 2,…
FROM 表名
WHERE 字段名 IS [NOT] NULL
```

在上面的语法格式中，"NOT"是可选参数，使用 NOT 关键字用于判断字段不是空值。

【例 4-11】 查询 student 表中 gender 为空值的记录，SQL 语句如下所示：

```
SELECT id,name,grade,gender FROM student WHERE gender IS NULL;
```

执行结果如下所示：

```
mysql> SELECT id,name,grade,gender FROM student WHERE gender IS NULL;
+----+---------+-------+--------+
| id | name    | grade | gender |
+----+---------+-------+--------+
|  8 | yanqing |    90 | NULL   |
+----+---------+-------+--------+
1 row in set (0.00 sec)
```

从查询结果可以看到 gender 字段为空值,满足查询条件。

在关键字 IS 和 NULL 之间可以使用 NOT 关键字,用来查询字段不为空值的记录,接下来通过具体的案例来演示。

【例 4-12】 查询 student 表中 gender 不为空值的记录,SQL 语句如下所示:

```
SELECT id,name,grade,gender FROM student WHERE gender IS NOT NULL;
```

执行结果如下所示:

```
mysql> SELECT id,name,grade,gender FROM student WHERE gender IS NOT NULL;
+----+------------+-------+--------+
| id | name       | grade | gender |
+----+------------+-------+--------+
|  1 | songjiang  |    40 | 男     |
|  2 | wuyong     |   100 | 男     |
|  3 | qinming    |    90 | 男     |
|  4 | husanniang |    88 | 女     |
|  5 | sunerniang |    66 | 女     |
|  6 | wusong     |    86 | 男     |
|  7 | linchong   |    92 | 男     |
+----+------------+-------+--------+
7 rows in set (0.00 sec)
```

从查询结果可以看到,所有记录的 gender 字段值都不为空值。

4.2.5 带 DISTINCT 关键字的查询

很多表中某些字段的数据存在重复的值,例如 student 表中的 gender 字段,使用 SELECT 语句查询 gender 字段,执行结果如下所示:

```
mysql> SELECT gender FROM student;
+--------+
| gender |
+--------+
| 男     |
| 男     |
```

```
| 男      |
| 女      |
| 女      |
| 男      |
| 男      |
| NULL    |
+--------+
8 rows in set (0.06 sec)
```

从查询结果可以看到,查出的 8 条记录中有 5 条记录的 gender 字段值为"男",两条记录的 gender 字段值为"女"。有时候,出于对数据的分析需求,需要过滤掉查询记录中重复的值,在 SELECT 语句中,可以使用 DISTINCT 关键字来实现这种功能,使用 DISTINCT 关键字的 SELECT 语句其语法格式如下:

```
SELECT DISTINCT 字段名 FROM 表名;
```

在上面的语法格式中,"字段名"表示要过滤重复记录的字段。

【例 4-13】 查询 student 表中 gender 字段的值,查询记录不能重复,SQL 语句如下所示:

```
SELECT DISTINCT gender FROM student;
```

执行结果如下所示:

```
mysql> SELECT DISTINCT gender FROM student;
+--------+
| gender |
+--------+
| 男     |
| 女     |
| NULL   |
+--------+
3 rows in set (0.01 sec)
```

从查询记录可以看到,这次查询只返回了三条记录的 gender 值,分别为"男"、"女"和"NULL",不再有重复值。

  多学一招:DISTINCT 关键字作用于多个字段

DISTINCT 关键字可以作用于多个字段,其语法格式如下所示:

```
SELECT DISTINCT 字段名 1,字段名 2,…
       FROM 表名;
```

在上面的语法格式中,只有 DISTINCT 关键字后指定的多个字段值都相同,才会被认作是重复记录。

【例 4-14】 查询 student 表中的 gender 和 name 字段,使用 DISTINCT 关键字作用于这两个字段,SQL 语句如下所示:

```
SELECT DISTINCT gender,name FROM student;
```

执行结果如下所示:

```
mysql> SELECT DISTINCT gender,name FROM student;
+--------+------------+
| gender | name       |
+--------+------------+
| 男     | songjiang  |
| 男     | wuyong     |
| 男     | qinming    |
| 女     | husanniang |
| 女     | sunerniang |
| 男     | wusong     |
| 男     | linchong   |
| NULL   | yanqing    |
+--------+------------+
8 rows in set (0.00 sec)
```

从查询结果可以看到,返回的记录中 gender 字段仍然出现了重复值,这是因为 DISTINCT 关键字作用于 gender 和 name 两个字段,只有这两个字段的值都相同才被认为是重复记录。而从上面的结果来看,gender 字段值重复的记录中,它们的 name 字段值并不相同。为了能够演示过滤多个字段重复的效果,向 student 表中添加一条新记录,SQL 语句如下所示:

```
INSERT INTO student(name,grade,gender)
VALUES('songjiang',20,'男');
```

执行完 INSERT 语句后,使用 SELECT 语句查询 student 表中的所有记录,执行结果如下所示:

```
mysql> SELECT * FROM student;
+----+------------+-------+--------+
| id | name       | grade | gender |
+----+------------+-------+--------+
| 1  | songjiang  | 40    | 男     |
| 2  | wuyong     | 100   | 男     |
| 3  | qinming    | 90    | 男     |
```

```
|  4 | husanniang |  88 | 女   |
|  5 | sunerniang |  66 | 女   |
|  6 | wusong     |  86 | 男   |
|  7 | linchong   |  92 | 男   |
|  8 | yanqing    |  90 | NULL |
|  9 | songjiang  |  20 | 男   |
+----+------------+-----+------+
9 rows in set (0.00 sec)
```

从查询结果可以看到，student 表中一共有 9 条记录，并且第 1 条记录、第 9 条记录的 name 字段和 gender 字段值相等，分别为"songjiang"和"男"。接下来再次查询 gender 和 name 字段，并使用 DISTINCT 作用于这两个字段，执行结果如下所示：

```
mysql> SELECT DISTINCT gender,name FROM student;
+--------+------------+
| gender | name       |
+--------+------------+
| 男     | songjiang  |
| 男     | wuyong     |
| 男     | qinming    |
| 女     | husanniang |
| 女     | sunerniang |
| 男     | wusong     |
| 男     | linchong   |
| NULL   | yanqing    |
+--------+------------+
8 rows in set (0.00 sec)
```

从查询结果可以看到，只查出了 8 条记录，并且 gender 字段值为"男"，"name"字段值为"songjiang"的记录只有一条，这说明 DISTINCT 过滤掉了重复的记录。

4.2.6　带 LIKE 关键字的查询

前面的章节中讲过，使用关系运算符"＝"可以判断两个字符串是否相等，但有时候需要对字符串进行模糊查询，例如查询 student 表中 name 字段值以字符"b"开头的记录，为了完成这种功能，MySQL 中提供了 LIKE 关键字，LIKE 关键字可以判断两个字符串是否相匹配。使用 LIKE 关键字的 SELECT 语句其语法格式如下所示：

```
SELECT * |{字段名 1,字段名 2,…}
FROM 表名
WHERE 字段名 [NOT] LIKE '匹配字符串';
```

在上面的语法格式中，NOT 是可选参数，使用 NOT 表示查询与指定字符串不匹配的记录。"匹配字符串"指定用来匹配的字符串,其值可以是一个普通字符串,也可以是包含百分号(%)和下划线(_)的通配字符串。百分号和下划线统称为通配符,它们在通配字符串中有特殊含义,两者的作用如下所示。

1. 百分号(%)通配符

匹配任意长度的字符串,包括空字符串。例如,字符串"c%"匹配以字符 c 开始,任意长度的字符串,如"ct"、"cut"、"current"等。

【例 4-15】 查找 student 表中 name 字段值以字符"s"开头的学生 id,SQL 语句如下所示:

```
SELECT id,name FROM student WHERE name LIKE "s%";
```

执行结果如下所示:

```
mysql> SELECT id,name FROM student WHERE name LIKE "s%";
+-----+------------+
| id  | name       |
+-----+------------+
|  1  | songjiang  |
|  5  | sunerniang |
+-----+------------+
2 rows in set (0.00 sec)
```

从查询结果可以看到,返回的记录中 name 字段值均以字符"s"开头,"s"后面可以跟任意数量的字符。

百分号通配符可以出现在通配字符串的任意位置。

【例 4-16】 查询 student 表中 name 字段值以字符"w"开始,以字符"g"结束的学生 id,执行结果如下所示:

```
mysql> SELECT id,name FROM student WHERE name LIKE 'w%g';
+-----+---------+
| id  | name    |
+-----+---------+
|  2  | wuyong  |
|  6  | wusong  |
+-----+---------+
2 rows in set (0.00 sec)
```

从查询结果可以看到,字符"w"和"g"之间的百分号通配符匹配两个字符之间任意个数的字符。

在通配字符串中可以出现多个百分号通配符。

【例 4-17】 查询 student 表中 name 字段值包含字符"y"的学生 id,执行结果如下所示：

```
mysql> SELECT id,name FROM student WHERE name LIKE '%y%';
+----+---------+
| id | name    |
+----+---------+
|  2 | wuyong  |
|  8 | yanqing |
+----+---------+
2 rows in set (0.02 sec)
```

从查询结果可以看到，通配字符串中的字符"y"前后各有一个百分号通配符，它匹配包含字符"y"的字符串，无论"y"在字符串的什么位置。

LIKE 之前可以使用 NOT 关键字，用来查询与指定通配字符串不匹配的记录。

【例 4-18】 查询 student 表中 name 字段值不包含字符"y"的学生 id，执行结果如下所示：

```
mysql> SELECT id,name FROM student WHERE name NOT LIKE '%y%';
+----+------------+
| id | name       |
+----+------------+
|  1 | songjiang  |
|  3 | qinming    |
|  4 | husanniang |
|  5 | sunerniang |
|  6 | wusong     |
|  7 | linchong   |
+----+------------+
6 rows in set (0.00 sec)
```

从查询结果可以看出，返回的记录中 name 字段值都不包含字符"y"，正好和例 4-17 的查询结果相反。

2. 下划线(_)通配符

下划线通配符与百分号通配符有些不同，下划线通配符只匹配单个字符，如果要匹配多个字符，需要使用多个下划线通配符。例如，字符串"cu_"匹配以字符串"cu"开始长度为 3 的字符串，如 cut、cup，字符串"c__l"匹配在字符"c"和"l"之间包含两个字符的字符串，如"cool"、"coal"等。需要注意的是，如果使用多个下划线匹配多个连续的字符，下划线之间不能有空格，例如，通配字符串"M_ _QL"只能匹配字符串"My SQL"，而不能匹配字符串"MySQL"。

【例 4-19】 查询 student 表中 name 字段值以字符串"wu"开始，以字符串"ong"结束，并且两个字符串之间只有一个字符的记录，SQL 语句如下所示：

```
SELECT * FROM student WHERE name LIKE 'wu_ong';
```

执行结果如下所示：

```
mysql> SELECT * FROM student WHERE name LIKE 'wu_ong';
+----+--------+-------+--------+
| id | name   | grade | gender |
+----+--------+-------+--------+
|  2 | wuyong |   100 | 男     |
|  6 | wusong |    86 | 男     |
+----+--------+-------+--------+
2 rows in set (0.00 sec)
```

从查询结果可以看出，查出的记录中 name 字段值为"wuyong"和"wusong"，通配字符串"wu_ong"中一个下划线匹配了一个字符。对上述的 SQL 语句进行修改，将匹配字符串修改为"wu_ng"，再次执行查询语句，执行结果如下所示：

```
mysql> SELECT * FROM student WHERE name LIKE 'wu_ng';
Empty set (0.00 sec)
```

从查询结果可以看到返回记录为空，这是因为匹配字符串中只有一个下划线通配符，无法匹配两个字符。

【例 4-20】 查询 student 表中 name 字段值包含 7 个字符，并且以字符串"ing"结束的记录，执行结果如下所示：

```
mysql> SELECT * FROM student WHERE name LIKE '____ing';
+----+---------+-------+--------+
| id | name    | grade | gender |
+----+---------+-------+--------+
|  3 | qinming |    90 | 男     |
|  8 | yanqing |    90 | NULL   |
+----+---------+-------+--------+
2 rows in set (0.01 sec)
```

从查询结果可以看到，在通配字符串中使用了 4 个下划线通配符，它匹配 name 字段值中"ing"前面的 4 个字符。

📖 **多学一招：使用百分号和下划线通配符进行查询操作**

百分号和下划线是通配符，它们在通配字符串中有特殊含义，因此，如果要匹配字符串中的百分号和下划线，就需要在通配字符串中使用右斜线（"\"）对百分号和下划线进行转义，例如，"\%"匹配百分号字面值，"_"匹配下划线字面值。

【例 4-21】 查询 student 表中 name 字段值包括"%"的记录。

在查询之前,首先向 student 表中添加一条记录,执行结果如下所示:

```
mysql> INSERT INTO student(name,grade,gender)
    ->VALUES('sun%er',95,'男');
Query OK, 1 row affected (0.00 sec)
```

从上面的执行语句中可以看到,添加的新记录其 name 字段值为"sun%er",包含一个百分号字面值。接下来通过 SELECT 语句查出这条记录,SQL 语句如下所示:

```
SELECT * FROM student WHERE name LIKE '%\%%';
```

从上面的执行语句可以看到,在通配字符串"%\%%"中,"\%"匹配百分号字面值,第一个和第三个百分号匹配任意个数的字符,执行结果如下所示:

```
mysql> SELECT * FROM student WHERE name LIKE '%\%%';
+-----+--------+-------+--------+
| id  | name   | grade | gender |
+-----+--------+-------+--------+
| 10  | sun%er |  95   | 男     |
+-----+--------+-------+--------+
1 row in set (0.00 sec)
```

从查询结果可以看到,查出了 name 字段值为"sun%er"的新记录。

4.2.7　带 AND 关键字的多条件查询

在使用 SELECT 语句查询数据时,有时为了使查询结果更加精确,可以使用多个查询条件。在 MySQL 中,提供了一个 AND 关键字,使用 AND 关键字可以连接两个或者多个查询条件,只有满足所有条件的记录才会被返回。其语法格式如下所示:

```
SELECT * |{字段名1,字段名2,…}
FROM 表名
WHERE 条件表达式1 AND 条件表达式2 [… AND 条件表达式n];
```

从上面的语法格式可以看到,在 WHERE 关键字后面跟了多个条件表达式,每两个条件表达式之间用 AND 关键字分隔。

【例 4-22】 查询 student 表中 id 字段值小于 5,并且 gender 字段值为"女"的学生姓名,SQL 语句如下所示:

```
SELECT id,name,gender FROM student WHERE id<5 AND gender='女';
```

执行结果如下所示:

```
mysql> SELECT id,name,gender FROM student WHERE id<5 AND gender='女';
+----+------------+--------+
| id | name       | gender |
+----+------------+--------+
|  4 | husanniang | 女     |
+----+------------+--------+
1 row in set (0.00 sec)
```

从查询结果可以看到,返回记录的 id 字段值为 4,gender 字段值为"女",也就是说,查询结果必须同时满足 AND 关键字连接的两个条件表达式。

【例 4-23】 查询 student 表中 id 字段值在 1、2、3、4 之中,name 字段值以字符串 "ng"结束,并且 grade 字段值小于 80 的记录,SQL 语句如下所示:

```
SELECT id,name,grade,gender
FROM student
WHERE id in(1,2,3,4) AND name LIKE '%ng' AND grade<80;
```

在 SELECT 语句中,使用两个 AND 关键字连接了三个条件表达式,执行结果如下所示:

```
mysql> SELECT id,name,grade,gender
    -> FROM student
    -> WHERE id in(1,2,3,4) AND name LIKE '%ng' AND grade<80;
+----+-----------+-------+--------+
| id | name      | grade | gender |
+----+-----------+-------+--------+
|  1 | songjiang |    40 | 男     |
+----+-----------+-------+--------+
1 row in set (0.00 sec)
```

从查询结果可以看出,返回的记录同时满足 AND 关键字连接的三个条件表达式。

4.2.8 带 OR 关键字的多条件查询

在使用 SELECT 语句查询数据时,也可以使用 OR 关键字连接多个查询条件。与 AND 关键字不同,在使用 OR 关键字时,只要记录满足任意一个条件就会被查询出来。其语法格式如下所示:

```
SELECT * |{字段名1,字段名2,…}
FROM 表名
WHERE 条件表达式1 OR 条件表达式2 [… OR 条件表达式n];
```

从上面的语法格式可以看到，在 WHERE 关键字后面跟了多个条件表达式，每两个条件表达式之间用 OR 关键字分隔。

【例 4-24】 查询 student 表中 id 字段值小于 3 或者 gender 字段值为"女"的学生姓名，SQL 语句如下所示：

```
SELECT id,name,gender FROM student WHERE id<3 OR gender='女';
```

执行结果如下所示：

```
mysql> SELECT id,name,gender FROM student WHERE id<3 OR gender='女';
+----+-----------+--------+
| id | name      | gender |
+----+-----------+--------+
|  1 | songjiang | 男     |
|  2 | wuyong    | 男     |
|  4 | husanniang| 女     |
|  5 | sunerniang| 女     |
+----+-----------+--------+
4 rows in set (0.02 sec)
```

从查询结果可以看到，返回的 4 条记录中，其中两条是 id 字段值小于 3 的记录，其 gender 字段值为"男"，两条 gender 字段值为"女"的记录，其 id 值大于 3。这就说明，只要记录满足 OR 关键字连接的任意一个条件就会被查询出来，而不需要同时满足两个条件表达式。

【例 4-25】 查询 student 表中满足条件 name 字段值以字符"h"开始，或者 gender 字段值为"女"，或者 grade 字段值为 100 的记录，SQL 语句如下所示：

```
SELECT id,name,grade,gender
FROM student
WHERE name LIKE 'h%' OR gender='女' OR grade=100;
```

执行结果如下所示：

```
mysql> SELECT id,name,grade,gender
    ->FROM student
    ->WHERE name LIKE 'h%' OR gender='女' OR grade=100;
+----+-----------+-------+--------+
| id | name      | grade | gender |
+----+-----------+-------+--------+
|  2 | wuyong    |  100  | 男     |
|  4 | husanniang|   88  | 女     |
|  5 | sunerniang|   66  | 女     |
```

```
+------+----------+--------+---------+
3 rows in set (0.00 sec)
```

从查询结果可以看到,返回的三条记录至少满足 OR 关键字连接的三个条件之一。

多学一招:OR 和 AND 关键字一起使用的情况

OR 关键字和 AND 关键字可以一起使用,需要注意的是,AND 的优先级高于 OR,因此当两者在一起使用时,应该先运算 AND 两边的条件表达式,再运算 OR 两边的条件表达式。

【例 4-26】 查询 student 表中 gender 字段值为"女"或者 gender 字段值为"男",并且 grade 字段值为 100 的学生姓名,SQL 语句如下所示:

```
SELECT name,grade,gender
FROM student
WHERE gender='女' OR gender='男' AND grade=100;
```

执行结果如下所示:

```
mysql> SELECT name,grade,gender
    -> FROM student
    -> WHERE gender='女' OR gender='男' AND grade=100;
+-------------+-------+--------+
| name        | grade | gender |
+-------------+-------+--------+
| wuyong      |   100 | 男     |
| husanniang  |    88 | 女     |
| sunerniang  |    66 | 女     |
+-------------+-------+--------+
3 rows in set (0.00 sec)
```

从查询结果可以看到,如果 AND 的优先级和 OR 相同或者比 OR 低,AND 操作会最后执行,查询结果只会返回一条记录,记录的 grade 字段值为 100。而本例中返回了三条记录,这说明先执行的是 AND 操作,后执行的是 OR 操作,即 AND 的优先级高于 OR。

4.3 高级查询

4.3.1 聚合函数

实际开发中,经常需要对某些数据进行统计,例如统计某个字段的最大值、最小值、平均值等,为此,MySQL 中提供了一些函数来实现这些功能,具体如表 4-2 所示。

表 4-2 聚合函数

函数名称	作用	函数名称	作用
COUNT()	返回某列的行数	MAX()	返回某列的最大值
SUM()	返回某列值的和	MIN()	返回某列的最小值
AVG()	返回某列的平均值		

表 4-2 中的函数用于对一组值进行统计,并返回唯一值,这些函数被称为聚合函数,下面就对聚合函数的用法进行讲解。

1. COUNT()函数

COUNT()函数用来统计记录的条数,其语法格式如下所示:

```
SELECT COUNT(*) FROM 表名
```

使用上面的语法格式可以求出表中有多少条记录。

【例 4-27】 查询 student 表中一共有多少条记录,SQL 语句如下所示:

```
SELECT COUNT(*) FROM student;
```

执行结果如下所示:

```
mysql> SELECT COUNT(*) FROM student;
+----------+
| COUNT(*) |
+----------+
|        8 |
+----------+
1 row in set (0.06 sec)
```

从查询结果可以看出,student 表中一共有 8 条记录。

2. SUM()函数

SUM()是求和函数,用于求出表中某个字段所有值的总和,其语法格式如下:

```
SELECT SUM(字段名) FROM 表名;
```

使用上面的语句可以求出指定字段值的总和。

【例 4-28】 求出 student 表中 grade 字段的总和,SQL 语句如下所示:

```
SELECT SUM(grade) FROM student;
```

执行结果如下所示:

```
mysql> SELECT SUM(grade) FROM student;
+------------+
| SUM(grade) |
+------------+
|    652     |
+------------+
1 row in set (0.00 sec)
```

从查询结果可以看到，所有学生 grade 字段的总和为 652。

3. AVG()函数

AVG()函数用于求出某个字段所有值的平均值，其语法格式如下所示：

```
SELECT AVG(字段名) FROM student;
```

使用上面的语句可以求出指定字段所有值的平均值。

【例 4-29】 求出 student 表中 grade 字段的平均值，SQL 语句如下所示：

```
SELECT AVG(grade) FROM student;
```

执行结果如下所示：

```
mysql> SELECT AVG(grade) FROM student;
+------------+
| AVG(grade) |
+------------+
|   81.5     |
+------------+
1 row in set (0.00 sec)
```

从查询结果可以看到，所有学生 grade 字段的平均值为 81.5。

4. MAX()函数

MAX()函数是求最大值的函数，用于求出某个字段的最大值，其语法格式如下所示：

```
SELECT MAX(grade) FROM student;
```

【例 4-30】 求出 student 表中所有学生 grade 字段的最大值，SQL 语句如下所示：

```
mysql> SELECT MAX(grade) FROM student;
+------------+
| MAX(grade) |
+------------+
|    100     |
```

```
+-------------+
1 row in set (0.09 sec)
```

从查询结果可以看到,所有学生 grade 字段的最大值为 100。

5. MIN()函数

MIN()函数是求最小值的函数,用于求出某个字段的最小值,其语法格式如下所示:

```
SELECT MIN(grade) FROM student;
```

【例 4-31】 求出 student 表中 grade 字段的最小值,SQL 语句如下所示:

```
mysql> SELECT MIN(grade) FROM student;
+-------------+
| MIN(grade) |
+-------------+
|     40      |
+-------------+
1 row in set (0.00 sec)
```

从查询结果可以看到,所有学生 grade 字段的最小值为 40。

4.3.2 对查询结果排序

从表中查询出来的数据可能是无序的,或者其排列顺序不是用户期望的。为了使查询结果满足用户的要求,可以使用 ORDER BY 对查询结果进行排序,其语法格式如下所示:

```
SELECT 字段名 1,字段名 2,…
FROM 表名
ORDER BY 字段名 1 [ASC | DESC],字段名 2 [ASC | DESC]…
```

在上面的语法格式中,指定的字段名 1、字段名 2 等是对查询结果排序的依据。参数 ASC 表示按照升序进行排序,DESC 表示按照降序进行排序。默认情况下,按照 ASC 方式进行排序。

【例 4-32】 查出 student 表中的所有记录,并按照 grade 字段进行排序,SQL 语句如下所示:

```
SELECT * FROM student
ORDER BY grade;
```

执行结果如下所示:

```
mysql> SELECT * FROM student
    ->ORDER BY grade;
+----+------------+-------+--------+
| id | name       | grade | gender |
+----+------------+-------+--------+
|  1 | songjiang  |    40 | 男     |
|  5 | sunerniang |    66 | 女     |
|  6 | wusong     |    86 | 男     |
|  4 | husanniang |    88 | 女     |
|  3 | qinming    |    90 | 男     |
|  8 | yanqing    |    90 | NULL   |
|  7 | linchong   |    92 | 男     |
|  2 | wuyong     |   100 | 男     |
+----+------------+-------+--------+
8 rows in set (0.00 sec)
```

从查询结果可以看到,返回的记录按照 ORDER BY 指定的字段 grade 进行排序,并且默认是按升序排列。

【例 4-33】 查出 student 表中的所有记录,使用参数 ASC 按照 grade 字段升序方式排列,SQL 语句如下所示:

```
SELECT * FROM student ORDER BY grade ASC;
```

执行结果如下所示:

```
mysql> SELECT * FROM student ORDER BY grade ASC;
+----+------------+-------+--------+
| id | name       | grade | gender |
+----+------------+-------+--------+
|  1 | songjiang  |    40 | 男     |
|  5 | sunerniang |    66 | 女     |
|  6 | wusong     |    86 | 男     |
|  4 | husanniang |    88 | 女     |
|  3 | qinming    |    90 | 男     |
|  8 | yanqing    |    90 | NULL   |
|  7 | linchong   |    92 | 男     |
|  2 | wuyong     |   100 | 男     |
+----+------------+-------+--------+
8 rows in set (0.00 sec)
```

从查询结果可以看到,在 ORDER BY 中使用了 ASC 关键字,返回结果和例 4-32 查询的结果一致。

【例 4-34】 查出 student 表中的所有记录,使用参数 DESC 按照 grade 字段降序方

式排列,SQL 语句如下所示:

```
SELECT * FROM student ORDER BY grade DESC;
```

执行结果如下所示:

```
mysql> SELECT * FROM student ORDER BY grade DESC;
+----+------------+-------+--------+
| id | name       | grade | gender |
+----+------------+-------+--------+
|  2 | wuyong     |  100  | 男     |
|  7 | linchong   |   92  | 男     |
|  3 | qinming    |   90  | 男     |
|  8 | yanqing    |   90  | NULL   |
|  4 | husanniang |   88  | 女     |
|  6 | wusong     |   86  | 男     |
|  5 | sunerniang |   66  | 女     |
|  1 | songjiang  |   40  | 男     |
+----+------------+-------+--------+
8 rows in set (0.00 sec)
```

从查询结果可以看到,在 ORDER BY 中使用了 DESC 关键字,返回的记录按照 grade 字段的降序进行排列。

在 MySQL 中,可以指定按照多个字段对查询结果进行排序,例如,将查出的 student 表中所有记录按照 gender 和 grade 字段进行排序。在排序过程中,会先按照 gender 字段进行排序,如果遇到 gender 字段值相同的记录,再把这些记录按照 grade 字段进行排序。

【例 4-35】 查询 student 表中的所有记录,按照 gender 字段的升序和 grade 字段的降序进行排列,SQL 语句如下所示:

```
SELECT * FROM student
ORDER BY gender ASC,grade DESC;
```

执行结果如下所示:

```
mysql> SELECT * FROM student
    ->ORDER BY gender ASC,grade DESC;
+----+------------+-------+--------+
| id | name       | grade | gender |
+----+------------+-------+--------+
|  8 | yanqing    |   90  | NULL   |
|  4 | husanniang |   88  | 女     |
```

```
|  5 | sunerniang |  66 | 女   |
|  2 | wuyong     | 100 | 男   |
|  7 | linchong   |  92 | 男   |
|  3 | qinming    |  90 | 男   |
|  6 | wusong     |  86 | 男   |
|  1 | songjiang  |  40 | 男   |
+----+------------+-----+------+
8 rows in set (0.00 sec)
```

从查询记录可以看到,返回的结果首先按照 gender 字段值的升序进行排序,然后 gender 值为"男"和"女"的记录分别再按照 grade 字段值的降序进行排列。

注意:在按照指定字段进行升序排列时,如果某条记录的字段值为 NULL,则这条记录会在第一条显示,这是因为 NULL 值可以被认为是最小值,如例 4-35 中,显示的第一条记录其 gender 字段值为 NULL。

4.3.3 分组查询

在对表中数据进行统计时,也可能需要按照一定的类别进行统计,比如,分别统计 student 表中 gender 字段值为"男"、"女"和"NULL"的学生成绩(grade 字段)之和。在 MySQL 中,可以使用 GROUP BY 按某个字段或者多个字段中的值进行分组,字段中值相同的为一组,其语法格式如下所示:

```
SELECT 字段名 1,字段名 2,…
FROM 表名
GROUP BY 字段名 1,字段名 2,…[HAVING 条件表达式];
```

在上面的语法格式中,指定的字段名 1、字段名 2 等是对查询结果分组的依据。HAVING 关键字指定条件表达式对分组后的内容进行过滤。需要特别注意的是,GROUP BY 一般和聚合函数一起使用,如果查询的字段出现在 GROUP BY 后,却没有包含在聚合函数中,该字段显示的是分组后的第一条记录的值,这样有可能会导致查询结果不符合我们的预期。

由于分组查询比较复杂,接下来将分几种情况对分组查询进行讲解。

1. 单独使用 GROUP BY 分组

单独使用 GROUP BY 关键字,查询的是每个分组中的一条记录。

【例 4-36】 查询 student 表中的记录,按照 gender 字段值进行分组,SQL 语句如下所示:

```
SELECT * FROM student GROUP BY gender;
```

执行结果如下所示:

```
mysql> SELECT * FROM student GROUP BY gender;
+----+------------+-------+--------+
| id | name       | grade | gender |
+----+------------+-------+--------+
|  8 | yanqing    |    90 | NULL   |
|  4 | husanniang |    88 | 女     |
|  1 | songjiang  |    40 | 男     |
+----+------------+-------+--------+
3 rows in set (0.00 sec)
```

从查询结果可以看到返回了三条记录,这三条记录中 gender 字段的值分别为"NULL"、"男"、"女",这说明了查询结果是按照 gender 字段中不同的值进行分类。然而这样的查询结果只显示每个分组中的一条记录,意义并不大,一般情况下 GROUP BY 都和聚合函数一起使用。

2. GROUP BY 和聚合函数一起使用

GROUP BY 和聚合函数一起使用,可以统计出某个或者某些字段在一个分组中的最大值、最小值、平均值等。

【例 4-37】 将 student 表按照 gender 字段值进行分组查询,计算出每个分组中各有多少名学生,SQL 语句如下所示:

```
SELECT COUNT(*),gender FROM student GROUP BY gender;
```

执行结果如下所示:

```
mysql> SELECT COUNT(*),gender FROM student GROUP BY gender;
+----------+--------+
| COUNT(*) | gender |
+----------+--------+
|        1 | NULL   |
|        2 | 女     |
|        5 | 男     |
+----------+--------+
3 rows in set (0.00 sec)
```

从查询结果可以看到,GROUP BY 对 student 表按照 gender 字段中的不同值进行了分组,并通过 COUNT()函数统计出 gender 字段值为"NULL"的学生有一个,gender 字段值为"男"的学生有 5 个,gender 字段值为"女"的学生有两个。

3. GROUP BY 和 HAVING 关键字一起使用

HAVING 关键字和 WHERE 关键字的作用相同,都用于设置条件表达式对查询结果进行过滤,两者的区别在于,HAVING 关键字后可以跟聚合函数,而 WHERE 关键字不能。通常情况下 HAVING 关键字都和 GROUP BY 一起使用,用于对分组后的结果进行过滤。

【例 4-38】 将 student 表按照 gender 字段进行分组查询,查询出 grade 字段值之和小于 300 的分组,SQL 语句如下所示:

```
SELECT sum(grade),gender FROM student GROUP BY gender HAVING SUM(grade)<300;
```

执行结果如下所示:

```
mysql> SELECT sum(grade),gender FROM student GROUP BY gender HAVING SUM(grade)<300;
+------------+--------+
| sum(grade) | gender |
+------------+--------+
|         90 | NULL   |
|        154 | 女     |
+------------+--------+
2 rows in set (0.00 sec)
```

从查询结果可以看到,只有 gender 值为"NULL"和"女"的分组其 grade 字段值之和小于 300。为了验证查询结果的正确性,下面对 gender 值为"男"的所有学生其 grade 字段值之和进行查询,执行结果如下所示:

```
mysql> SELECT SUM(grade),gender FROM student WHERE gender='男';
+------------+--------+
| SUM(grade) | gender |
+------------+--------+
|        408 | 男     |
+------------+--------+
1 row in set (0.00 sec)
```

从查询结果可以看到,gender 字段值为"男"的所有学生其 grade 字段值之和为 408,可以说明上面分组查询结果的正确性。

4.3.4 使用 LIMIT 限制查询结果的数量

查询数据时,可能会返回很多条记录,而用户需要的记录可能只是其中的一条或者几条,比如实现分页功能,每页显示 10 条信息,每次查询就只需要查出 10 条记录。为此,MySQL 中提供了一个关键字 LIMIT,可以指定查询结果从哪一条记录开始以及一共查询多少条信息,其语法格式如下所示:

```
SELECT 字段名 1,字段名 2,…
FROM 表名
LIMIT [OFFSET,] 记录数
```

在上面的语法格式中，LIMIT 后面可以跟两个参数，第一个参数"OFFSET"表示偏移量，如果偏移量为 0 则从查询结果的第一条记录开始，偏移量为 1 则从查询结果中的第二条记录开始，以此类推。OFFSET 为可选值，如果不指定其默认值为 0。第二个参数"记录数"表示返回查询记录的条数。

【例 4-39】 查询 student 表中的前 4 条记录，SQL 语句如下所示：

```
SELECT * FROM student LIMIT 4;
```

执行结果如下所示：

```
mysql> SELECT * FROM student LIMIT 4;
+----+------------+-------+--------+
| id | name       | grade | gender |
+----+------------+-------+--------+
|  1 | songjiang  |    40 | 男     |
|  2 | wuyong     |   100 | 男     |
|  3 | qinming    |    90 | 男     |
|  4 | husanniang |    88 | 女     |
+----+------------+-------+--------+
4 rows in set (0.00 sec)
```

从查询结果可以看到，执行语句中没有指定返回记录的偏移量，只指定了查询记录的条数 4，因此返回结果从第一条记录开始，一共返回 4 条记录。

【例 4-40】 查询 student 表中 grade 字段值从第 5 位到第 8 位的学生（从高到低），SQL 语句如下所示：

```
SELECT * FROM student ORDER BY grade DESC LIMIT 4,4;
```

从上面的执行语句可以看到，LIMIT 后面跟了两个参数，第一个参数表示偏移量为 4，即从第 5 条记录开始查询，第二个参数表示一共返回 4 条记录，即从第 5 位到第 8 位学生。使用 ORDER BY … DESC 使学生按照 grade 字段值从高到低的顺序进行排列，执行结果如下所示：

```
mysql> SELECT * FROM student ORDER BY grade DESC LIMIT 4,4;
+----+------------+-------+--------+
| id | name       | grade | gender |
+----+------------+-------+--------+
|  4 | husanniang |    88 | 女     |
|  6 | wusong     |    86 | 男     |
|  5 | sunerniang |    66 | 女     |
|  1 | songjiang  |    40 | 男     |
+----+------------+-------+--------+
4 rows in set (0.00 sec)
```

从查询结果可以看到返回了 4 条记录，为了验证返回记录的 grade 字段值是从第 5 位到第 8 位，下面对 student 表中所用记录按照 grade 字段从高到低的顺序进行排列，执行结果如下所示：

```
mysql> SELECT * FROM student ORDER BY grade DESC;
+----+------------+-------+--------+
| id | name       | grade | gender |
+----+------------+-------+--------+
|  2 | wuyong     |   100 | 男     |
|  7 | linchong   |    92 | 男     |
|  3 | qinming    |    90 | 男     |
|  8 | yanqing    |    90 | NULL   |
|  4 | husanniang |    88 | 女     |
|  6 | wusong     |    86 | 男     |
|  5 | sunerniang |    66 | 女     |
|  1 | songjiang  |    40 | 男     |
+----+------------+-------+--------+
8 rows in set (0.00 sec)
```

通过对比可以看到使用 LIMIT 查询的结果正好是所有记录的第 5 位到第 8 位。

4.3.5 函数(列表)

MySQL 中提供了丰富的函数，通过这些函数可以简化用户对数据的操作。MySQL 中的函数包括数学函数、字符串函数、日期和时间函数、条件判断函数、加密函数等。由于函数数量较多，不可能一一进行讲解，接下来通过 5 张表对其中一些常用函数的作用进行说明，如表 4-3～表 4-7 所示。

表 4-3 数学函数

函 数 名 称	作　　用
ABS(x)	返回 x 的绝对值
SQRT(x)	返回 x 的非负 2 次方根
MOD(x,y)	返回 x 被 y 除后的余数
CEILING(x)	返回不小于 x 的最小整数
FLOOR(x)	返回不大于 x 的最大整数
ROUND(x,y)	对 x 进行四舍五入操作，小数点后保留 y 位
TRUNCATE(x,y)	舍去 x 中小数点 y 位后面的数
SIGN(x)	返回 x 的符号，-1, 0 或者 1

表 4-4 字符串函数

函 数 名 称	作　　用
LENGTH(str)	返回字符串 str 的长度
CONCAT(s1,s2,…)	返回一个或者多个字符串连接产生的新的字符串

续表

函数名称	作用
TRIM(str)	删除字符串两侧的空格
REPLACE(str,s1,s2)	使用字符串 s2 替换字符串 str 中所有的字符串 s1
SUBSTRING(str,n,len)	返回字符串 str 的子串,起始位置为 n,长度为 len
REVERSE(str)	返回字符串反转后的结果
LOCATE(s1,str)	返回子串 s1 在字符串 str 中的起始位置

表 4-5 日期和时间函数

函数名称	作用	函数名称	作用
CURDATE()	获取系统当前日期	ADDDATE()	执行日期的加运算
CURTIME()	获取系统当前时间	SBUDATE()	执行日期的减运算
SYSDATE()	获取当前系统日期和时间	DATE_FORMAT()	格式化输出日期和时间值
TIME_TO_SEC()	返回将时间转换成秒的结果		

表 4-6 条件判断函数

函数名称	作用
IF(expr,v1,v2)	如果 expr 表达式为 true 返回 v1,否则返回 v2
IFNULL(v1,v2)	如果 v1 不为 NULL 返回 v1,否则返回 v2
CASE expr WHEN v1 THEN r1[WHEN v2 THEN r2…] [ELSE rn] END	如果 expr 值等于 v1、v2 等,则返回对应位置 THEN 后面的结果,否则返回 ELSE 后的结果 rn

表 4-7 加密函数

函数名称	作用
MD5(str)	对字符串 str 进行 MD5 加密
ENCODE(str,pwd_str)	使用 pwd 作为密码加密字符串 str
DECODE(str,pwd_str)	使用 pwd 作为密码解密字符串 str

表 4-3～表 4-7 对 MySQL 中常用函数的用法做了介绍,下面就以函数 CONCAT(s1,s2,…)和 IF(expr,v1,v2)为例,通过案例对这两个函数的使用进行演示。

【例 4-41】 查询 student 表中的所有记录,将各个字段值使用下划线"_"连接起来,SQL 语句如下所示:

```
SELECT CONCAT(id,'_',name,'_',grade,'_',gender) FROM student;
```

执行结果结果如下所示:

```
mysql> SELECT CONCAT(id,'_',name,'_',grade,'_',gender) FROM student;
+------------------------------------------+
| CONCAT(id,'_',name,'_',grade,'_',gender) |
+------------------------------------------+
| 1_songjiang_40_男                         |
```

```
| 2_wuyong_100_男                              |
| 3_qinming_90_男                              |
| 4_husanniang_88_女                           |
| 5_sunerniang_66_女                           |
| 6_wusong_86_男                               |
| 7_linchong_92_男                             |
| NULL                                         |
+----------------------------------------------+
8 rows in set (0.01 sec)
```

从查询结果可以看到,通过调用 CONCAT 函数将 student 表中各个字段的值使用下划线连接起来了。需要注意的是:CONCAT(str1,str2,…)返回结果为连接参数产生的字符串。如有任何一个参数为 NULL,则返回值为 NULL。

【例 4-42】 查询 student 表中的 id 和 gender 字段值,如果 gender 字段的值为"男"则返回 1,如果不为"男"则返回 0,SQL 语句如下所示:

```
SELECT id,IF(gender='男',1,0) FROM student;
```

执行结果如下所示:

```
mysql> SELECT id,IF(gender='男',1,0) FROM student;
+----+---------------------+
| id | IF(gender='男',1,0) |
+----+---------------------+
| 1  |                   1 |
| 2  |                   1 |
| 3  |                   1 |
| 4  |                   0 |
| 5  |                   0 |
| 6  |                   1 |
| 7  |                   1 |
| 8  |                   0 |
+----+---------------------+
8 rows in set (0.00 sec)
```

从查询结果可以看到,student 表中 gender 字段值为"男"的记录都返回 1,gender 字段值为"女"或者"NULL"的记录都返回 0。

4.4 为表和字段取别名

在查询数据时,可以为表和字段取别名,这个别名可以代替其指定的表和字段。本节将分别讲解如何为表和字段取别名。

4.4.1　为表取别名

在查询操作时，如果表名很长使用起来就不太方便，这时可以为表取一个别名，用这个别名来代替表的名称。MySQL 中为表起别名的格式如下所示：

```
SELECT * FROM 表名 [AS] 别名;
```

在上面的语法格式中，AS 关键字用于指定表名的别名，它可以省略不写。

【例 4-43】　为 student 表起一个别名 s，并查询 student 表中 gender 字段值为"女"的记录，SQL 语句如下所示：

```
SELECT * FROM student AS s WHERE s.gender='女';
```

在上面的执行语句中，"student AS s"表示 student 表的别名为 s，s.gender 表示 student 表的 gender 字段，执行结果如下所示：

```
mysql> SELECT * FROM student AS s WHERE s.gender='女';
+----+------------+-------+--------+
| id | name       | grade | gender |
+----+------------+-------+--------+
|  4 | husanniang |    88 | 女     |
|  5 | sunerniang |    66 | 女     |
+----+------------+-------+--------+
2 rows in set (0.01 sec)
```

4.4.2　为字段取别名

在前面的查询操作中，每条记录中的列名都是定义表时的字段名，有时为了让显示查询结果更加直观，可以为字段取一个别名，MySQL 中为字段起别名的格式如下所示：

```
SELECT 字段名 [AS] 别名[,字段名 [AS] 别名,…] FROM 表名;
```

在上面的语法格式中，为字段名指定别名的 AS 关键字也可以省略不写。

【例 4-44】　查询 student 表中所有记录的 name 和 gender 字段值，并为这两个字段起别名 stu_name 和 stu_gender，SQL 语句如下所示：

```
SELECT name AS stu_name,gender stu_gender FROM student;
```

执行结果如下所示：

```
mysql> SELECT name AS stu_name,gender stu_gender FROM student;
+------------+------------+
| stu_name   | stu_gender |
```

```
+------------+------------+
| songjiang  | 男         |
| wuyong     | 男         |
| qinming    | 男         |
| husanniang | 女         |
| sunerniang | 女         |
| wusong     | 男         |
| linchong   | 男         |
| yanqing    | NULL       |
+------------+------------+
8 rows in set (0.02 sec)
```

从查询结果可以看到,显示的是指定的别名而不是 student 表中的字段名。

小 结

本章主要讲解了如何对单表进行简单查询、带条件查询和高级查询,以及如何为表名和字段名取别名。其中数据查询是数据库操作中重点掌握的内容,读者应该多加练习,为以后章节的学习打下坚实基础。

测 一 测

1. 请写出 SELECT 查询语句的完整语法格式。
2. 现有一张学生表,表中字段有学生_ID、系_ID 和性别_ID。
(1) 统计每个系的男女生人数。
(2) 统计人数在 10 人以上的系。
扫描右方二维码,查看思考题答案。

第 5 章

多表操作

学习目标
- 了解什么是外键,会为表添加外键约束和删除外键约束
- 了解三种关联关系,会向关联表中添加和删除数据
- 学会使用交叉连接、内连接、外连接及复合条件连接查询多表中的数据
- 掌握子查询,会使用 IN、EXISTS、ANY、ALL 关键字及比较运算符查询多表中的数据

前面章节所涉及的都是针对一张表的操作,即单表操作。然而实际开发中业务逻辑较为复杂,需要对两张以上的表进行操作,即多表操作。本章将针对多表操作的相关知识进行详细的讲解。

5.1 外　　键

在实际开发的项目中,一个健壮数据库中的数据一定有很好的参照完整性。例如,有学生档案和成绩单两张表,如果成绩单中有张三的成绩,学生档案中张三的档案却被删除了,这样就会产生垃圾数据或者错误数据。为了保证数据的完整性,将两表之间的数据建立关系,因此就需要在成绩表中添加外键约束。接下来针对外键约束进行详细的讲解。

5.1.1 什么是外键

外键是指引用另一个表中的一列或多列,被引用的列应该具有主键约束或唯一性约束。外键用于建立和加强两个表数据之间的连接。为了使初学者更好地理解外键的定义,接下来,通过两张表来讲解什么是外键。

首先需要创建两个表,一个班级表(grade)和一个学生表(student),具体语句如下:

```
CREATE DATABASE chapter05;
USE chapter05;

CREATE TABLE grade(
```

```
    id int(4) NOT NULL PRIMARY KEY,
    name varchar(36)
);

CREATE TABLE student(
    sid int(4) NOT NULL PRIMARY KEY,
    sname varchar(36),
    gid int(4) NOT NULL
);
```

学生表(student)中的 gid 是学生所在的班级 id，是引入了班级表(grade)中的主键 id。那么 gid 就可以作为表 student 的外键。被引用的表，即表 grade 是主表；引用外键的表，即表 student 是从表，两个表是主从关系。表 student 用 gid 可以连接表 grade 中的信息，从而建立了两个表数据之间的连接。

引入外键后，外键列只能插入参照列存在的值，参照列被参照的值不能被删除，这就保证了数据的参照完整性。关于这点，会在下面的 5.2 节中详细地讲解。

5.1.2 为表添加外键约束

我们已经知道了什么是外键，想要真正连接两个表的数据，就需要为表添加外键约束。为表添加外键约束的语法格式如下：

```
alter table 表名 add constraint FK_ID foreign key(外键字段名) REFERENCES 主表表名(主键字段名);
```

接下来，为表 student 添加外键约束，具体语句如下：

```
alter table student add constraint FK_ID foreign key(gid) REFERENCES grade (id);
```

语句执行成功后，使用 DESC 语句来查看学生表和班级表，查询结果如下：

```
mysql> desc grade;
+-------+-------------+------+-----+---------+-------+
| Field | Type        | Null | Key | Default | Extra |
+-------+-------------+------+-----+---------+-------+
| id    | int(4)      | NO   | PRI | NULL    |       |
| name  | varchar(36) | YES  |     | NULL    |       |
+-------+-------------+------+-----+---------+-------+
2 rows in set (0.02 sec)

mysql> desc student;
```

```
+--------+-------------+------+-----+---------+-------+
| Field  | Type        | Null | Key | Default | Extra |
+--------+-------------+------+-----+---------+-------+
| sid    | int(4)      | NO   | PRI | NULL    |       |
| sname  | varchar(36) | YES  |     | NULL    |       |
| gid    | int(4)      | NO   | MUL | NULL    |       |
+--------+-------------+------+-----+---------+-------+
3 rows in set (0.01 sec)
```

从查询结果可以看出，5.1.1 节创建的 grade 表和 student 表都创建成功了，并且 grade 表中的 id 为主键，student 表中的 gid 为外键。但是结果中不能明确地看出两个表之间的关系。在 MySQL 中可以用 show create table 来查看表的详细结构，具体语句如下：

```
show create table student;
```

查询结果如下：

```
mysql> show create table student;
+---------+------------------------------------+
| Table   | Create Table                       |
+---------+------------------------------------+
| student | CREATE TABLE 'student' (
  'sid' int(4) NOT NULL,
  'sname' varchar(36) DEFAULT NULL,
  'gid' int(4) NOT NULL,
  PRIMARY KEY ('sid'),
  KEY 'FK_ID' ('gid'),
  CONSTRAINT 'FK_ID' FOREIGN KEY ('gid') REFERENCES 'grade' ('id')
) ENGINE=InnoDB DEFAULT CHARSET=gbk    |
+---------+------------------------------------+
1 row in set (0.00 sec)
```

从查询结果可以明确地看出，gid 为 student 表的外键，并且 gid 外键依赖于 grade 表中的 id 主键，这样两个表就通过外键关联起来了。

在为表添加外键约束时，有些需要注意的地方，如下所示。

（1）建立外键的表必须是 InnoDB 型，不能是临时表。因为在 MySQL 中只有 InnoDB 类型的表才支持外键。

（2）定义外键名时，不能加引号，如 constraint 'FK_ID'或 constraint "FK_ID"都是错误的。

多学一招：添加外键约束的参数说明

我们知道建立外键是为了保证数据的完整和统一性，但如果主表中的数据被删除或修改,从表中对应的数据该怎么办？很明显,从表中对应的数据也应该被删除,否则数据库中会存在很多无意义的垃圾数据。MySQL 可以在建立外键时添加 ON DELETE 或 ON UPDATE 子句来告诉数据库,怎样避免垃圾数据的产生。具体语法格式如下：

```
alter table 表名 add constraint FK_ID foreign key(外键字段名) REFERENCES 主表表名 (主键字段名);
[ON DELETE {CASCADE | SET NULL | NO ACTION | RESTRICT}]
[ON UPDATE {CASCADE | SET NULL | NO ACTION | RESTRICT}]
```

语句中各参数的具体说明如表 5-1 所示。

表 5-1 添加外键约束的参数说明

参数名称	功 能 描 述
CASCADE	删除包含与已删除键值有参照关系的所有记录
SET NULL	修改包含与已删除键值有参照关系的所有记录,使用 NULL 值替换(不能用于已标记为 NOT NULL 的字段)
NO ACTION	不进行任何操作
RESTRICT	拒绝主表删除或修改外键关联列。(在不定义 ON DELETE 和 ON UPDATE 子句时,这是默认设置,也是最安全的设置)

5.1.3 删除外键约束

在实际开发中,根据业务逻辑的需求,需要解除两个表之间的关联关系时,就需要删除外键约束。删除外键约束的语法格式如下：

```
alter table 表名 drop foreign key 外键名;
```

接下来,将表 student 中的外键约束删除,具体语句如下：

```
alter table student drop foreign key FK_ID;
```

语句执行成功后,查看表 student 现在的详细结构,查询结果如下：

```
mysql> show create table student;
+---------+------------------------------------------+
| Table   | Create Table                             |
+---------+------------------------------------------+
| student | CREATE TABLE 'student' (
  'sid' int(4) NOT NULL,
  'sname' varchar(36) DEFAULT NULL,
  'gid' int(4) NOT NULL,
  PRIMARY KEY ('sid'),
```

```
  KEY 'FK_ID' ('gid')
) ENGINE=InnoDB DEFAULT CHARSET=gbk                    |
+---------+------------------------------------------+
1 row in set (0.00 sec)
```

从查询结果可以看出,表 student 中的外键约束已经被成功删除。

5.2 操作关联表

5.2.1 关联关系

在实际开发中,需要根据实体的内容设计数据表,实体间会有各种关联关系。所以根据实体设计的数据表之间也存在着各种关联关系,MySQL 中数据表的关联关系有三种,具体如下。

1. 多对一

多对一是数据表中最常见的一种关系。比如,员工与部门之间的关系,一个部门可以有多个员工,而一个员工不能属于多个部门,也就是说部门表中的一行在员工表中可以有许多匹配行,但员工表中的一行在部门表中只能有一个匹配行。

通过 5.1 节的讲解,我们知道表之间的关系是通过外键建立的。在多对一的表关系中,应该将外键建在多的一方,否则会造成数据的冗余。

2. 多对多

多对多也是数据表中的一种关系。比如学生与课程之间的关系,一个学生可以选择多门课程,当然一门课程也供多个学生选择,也就是说学生表中的一行在课程表中可以有许多匹配行,课程表中的一行在学生表中也有许多匹配行。

通常情况下,为了实现这种关系需要定义一张中间表(称为连接表),该表会存在两个外键,分别参照课程表和学生表。在多对多的关系中,需要注意的是,连接表的两个外键都是可以重复的,但是两个外键之间的关系是不能重复的,所以这两个外键又是连接表的联合主键。

3. 一对一

一对一关系在实际生活中比较常见,例如人与身份证之间就是一对一的关系,一个人对应一张身份证,一张身份证只能匹配一个人。那么,一对一关系的两张表如何建立外键?

首先,要分清主从关系。从表需要主表的存在才有意义,身份证需要人的存在才有意义。因此人为主表,身份证为从表。要在身份证表中建立外键。由实际经验可知,身份证中的外键必须是非空唯一的,因此通常会直接用从表(表身份证)中的主键作为外键。

需要注意的是,这种关系在数据库中并不常见,因为以这种方式存储的信息通常会放在一个表中。在实际开发中,一对一关联关系可以应用于以下几方面。

(1) 分割具有很多列的表。

(2) 由于安全原因而隔离表的一部分。

(3) 保存临时的数据,并且可以毫不费力地通过删除该表而删除这些数据。

5.2.2 添加数据

在实际开发中,最常见的关联关系就是多对一关系。接下来,在表 student 和表 grade 中添加外键约束来建立两个表的关联关系。具体语句如下:

```
alter table student add constraint FK_ID foreign key(gid) REFERENCES grade (id);
```

语句执行成功后,查看外键约束是否成功添加,查询结果如下:

```
mysql> show create table student;
+---------+--------------------------------+
| Table   | Create Table                   |
+---------+--------------------------------+
| student | CREATE TABLE 'student' (
  'sid' int(4) NOT NULL,
  'sname' varchar(36) DEFAULT NULL,
  'gid' int(4) NOT NULL,
  PRIMARY KEY ('sid'),
  KEY 'FK_ID' ('gid'),
  CONSTRAINT 'FK_ID' FOREIGN KEY ('gid') REFERENCES 'grade' ('id')
) ENGINE=InnoDB DEFAULT CHARSET=gbk          |
+---------+--------------------------------+
1 row in set (0.00 sec)
```

从查询结果可以看出,student 表的外键约束已经成功添加。此时表 student 和表 grade 之间是多对一的关系。因为外键列只能插入参照列存在的值,所以如果要为两个表添加数据,就需要先为主表 grade 添加数据,具体语句如下:

```
INSERT INTO grade(id,name)VALUES(1,'软件一班');
INSERT INTO grade(id,name)VALUES(2,'软件二班');
```

在上述语句中,添加的主键 id 为 1 和 2,由于 student 表的外键与 grade 表的主键关联,因此在为 student 表添加数据时,gid 的值只能是 1 或 2,不能使用其他的值,具体语句如下:

```
INSERT INTO student(sid,sname,gid)VALUES(1,'王红',1);
INSERT INTO student(sid,sname,gid)VALUES(2,'李强',1);
INSERT INTO student(sid,sname,gid)VALUES(3,'赵四',2);
INSERT INTO student(sid,sname,gid)VALUES(4,'郝娟',2);
```

上述语句执行成功后,两个表之间的数据就具有关联性。假如要查询软件一班有哪些学生,首先需要查询软件一班的id,然后根据这个id在student表中查询该班级有哪些学生,具体步骤如下:

(1) 在grade表中查询出班级名称为"软件一班"的id,具有语句如下:

```
SELECT id FROM grade WHERE name='软件一班';
```

上述语句执行成功后,结果如下:

```
mysql> SELECT id FROM grade WHERE name='软件一班';
+----+
| id |
+----+
| 1  |
+----+
1 row in set (0.01 sec)
```

从上述结果可以看出,软件一班的id为1。

(2) 在student表中,查询gid=1的学生,即为软件一班的学生,具体语句如下:

```
SELECT sname FROM student WHERE gid=1;
```

上述语句执行成功后,结果如下:

```
mysql> SELECT sname FROM student WHERE gid=1;
+-------+
| sname |
+-------+
| 王红  |
| 李强  |
+-------+
2 rows in set (0.00 sec)
```

从上述结果可以看出,软件一班只有两个学生,一个是王红,一个是李强。

5.2.3 删除数据

前面章节中讲解了如何为关联表添加数据,在某些情况下还需要删除关联表中的数据,例如学校的软件一班取消了,就需要在数据库中将该班级以及该班级的学生一起删除。由于 grade 表和 student 表之间具有关联关系。参照列被参照的值是不能被删除的,因此,在删除软件一班时,一定要先删除该班级的所有学生,然后再删除班级,具体步骤如下:

(1) 将软件一班的所有学生全部删除,具体语句如下:

```
delete from student where sname='王红';
delete from student where sname='李强';
```

上述语句执行成功后,可以使用 SELECT 语句查询,查询结果如下:

```
mysql> select * from student where gid=1;
Empty set (0.00 sec)
```

从上述语句可以看出,student 表中已经没有任何学生的记录了。

(2) 在 grade 表中,将软件一班删除,具体语句如下:

```
delete from grade where id=1;
```

上述语句执行成功后,可以使用 SELECT 语句查询,查询结果如下:

```
mysql> select * from grade;
+----+----------+
| id | name     |
+----+----------+
| 2  | 软件二班  |
+----+----------+
1 row in set (0.00 sec)
```

从查询结果可以看出,软件一班被成功地删除了。这样就删除了关联表中的数据。如果直接删除表 grade 中的"软件二班",看看会出现什么情况,具体语句如下:

```
delete from grade where id=2;
```

执行结果如下:

```
mysql> delete from grade where id=2;
ERROR 1451 (23000): Cannot delete or update a parent row: a foreign key constraint fails ('chapter05'.'student', CONSTRAINT 'FK_ID' FOREIGN KEY ('gid') REFERENCES 'grade' ('id'))
```

由此运行结果可以看出,在两个具有关联关系的表中删除数据时,一定要先删除从表中的数据,然后再删除主表中的数据,否则会报错。

需要注意的是，在实际情况中，想要删除"软件一班"，并不需要删除"软件一班"的学生，可以将表 student 中"王红"和"李强"的 gid 改成 NULL，只要主表中该列没有被从表参照就可以删除。但是在建表时，gid 字段有非空约束，所以只能将"王红"和"李强"的记录删除。

5.3 连接查询

在关系型数据库管理系统中，建立表时各个数据之间的关系不必确定，通常将每个实体的所有信息存放在一个表中，当查询数据时，通过连接操作查询多个表中的实体信息，当两个或多个表中存在相同意义的字段时，便可以通过这些字段对不同的表进行连接查询，连接查询包括交叉连接查询、内连接查询、外连接查询，本节将针对这些连接查询进行详细的讲解。

5.3.1 交叉连接

交叉连接返回的结果是被连接的两个表中所有数据行的笛卡儿积，也就是返回第一个表中符合查询条件的数据行数乘以第二个表中符合查询条件的数据行数，例如，department 表中有 4 个部门，employee 表中有 4 个员工，那么交叉连接的结果就有 4×4＝16 条数据。

交叉连接的语法格式如下：

```
SELECT * from 表1 CROSS JOIN 表2;
```

上述语法格式中，CROSS JOIN 用于连接两个要查询的表，通过该语句可以查询两个表中所有的数据组合。

接下来通过具体的案例来演示如何实现交叉连接，首先在 chapter05 数据库中创建两个表，department 表和 employee 表，具体语句如下：

```
USE chapter05;
CREATE TABLE department(
    did int(4) NOT NULL PRIMARY KEY,
    dname varchar(36)
);

CREATE TABLE employee (
    id int(4) NOT NULL PRIMARY KEY,
    name varchar(36),
    age int(2),
    did int(4) NOT NULL
);
```

上述语句执行成功后,在两个表中分别插入相关数据,具体语句如下:

```
INSERT INTO department(did,dname)VALUES(1,'网络部');
INSERT INTO department(did,dname)VALUES(2,'媒体部');
INSERT INTO department(did,dname)VALUES(3,'研发部');
INSERT INTO department(did,dname)VALUES(5,'人事部');

INSERT INTO employee(id,name,age,did)VALUES(1,'王红',20,1);
INSERT INTO employee(id,name,age,did)VALUES(2,'李强',22,1);
INSERT INTO employee(id,name,age,did)VALUES(3,'赵四',20,2);
INSERT INTO employee(id,name,age,did)VALUES(4,'郝娟',20,4);
```

数据添加成功后,接下来就使用相关语句执行交叉连接。

【例 5-1】 使用交叉连接查询部门表和员工表中所有的数据,SQL 语句如下:

```
SELECT * FROM department CROSS JOIN employee;
```

上述语句执行成功后,结果如下:

```
mysql> SELECT * from department CROSS JOIN employee;
+-----+--------+----+------+------+-----+
| did | dname  | id | name | age  | did |
+-----+--------+----+------+------+-----+
|  1  | 网络部 | 1  | 王红 |  20  |  1  |
|  2  | 媒体部 | 1  | 王红 |  20  |  1  |
|  3  | 研发部 | 1  | 王红 |  20  |  1  |
|  5  | 人事部 | 1  | 王红 |  20  |  1  |
|  1  | 网络部 | 2  | 李强 |  22  |  1  |
|  2  | 媒体部 | 2  | 李强 |  22  |  1  |
|  3  | 研发部 | 2  | 李强 |  22  |  1  |
|  5  | 人事部 | 2  | 李强 |  22  |  1  |
|  1  | 网络部 | 3  | 赵四 |  20  |  2  |
|  2  | 媒体部 | 3  | 赵四 |  20  |  2  |
|  3  | 研发部 | 3  | 赵四 |  20  |  2  |
|  5  | 人事部 | 3  | 赵四 |  20  |  2  |
|  1  | 网络部 | 4  | 郝娟 |  20  |  4  |
|  2  | 媒体部 | 4  | 郝娟 |  20  |  4  |
|  3  | 研发部 | 4  | 郝娟 |  20  |  4  |
|  5  | 人事部 | 4  | 郝娟 |  20  |  4  |
+-----+--------+----+------+------+-----+
16 rows in set (0.00 sec)
```

从上述结果可以看出,交叉连接的结果就是两个表中所有数据的组合。需要注意的是,在实际开发中这种业务需求是很少见的,一般不会使用交叉连接,而是使用具体的条件对数据进行有目的的查询。

5.3.2 内连接

内连接(Inner Join)又称简单连接或自然连接，是一种常见的连接查询。内连接使用比较运算符对两个表中的数据进行比较，并列出与连接条件匹配的数据行，组合成新的记录，也就是说在内连接查询中，只有满足条件的记录才能出现在查询结果中。内连接查询的语法格式如下所示：

```
SELECT 查询字段 FROM 表1 [INNER] JOIN 表2 ON 表1.关系字段 =表2.关系字段
```

在上述语法格式中，INNER JOIN 用于连接两个表，ON 来指定连接条件，其中 INNER 可以省略。

【例 5-2】 在 department 表和 employee 表之间使用内连接查询，SQL 语句如下：

```
SELECT employee.name, department.dname FROM department JOIN employee
ON department.did=employee.did;
```

上述语句执行成功后，结果如下：

```
mysql> SELECT employee.name, department.dname FROM department JOIN employee
ON department.did=employee.did;
+------+--------+
| name | dname  |
+------+--------+
| 王红 | 网络部 |
| 李强 | 网络部 |
| 赵四 | 媒体部 |
+------+--------+
3 rows in set (0.00 sec)
```

从上述结果可以看出，只有 department.did 与 employee.did 相等的员工才会被显示。

在 MySQL 中，还可以使用 where 条件语句来实现同样的功能。

【例 5-3】 在 department 表和 employee 表之间使用 WHERE，SQL 语句如下：

```
SELECT employee.name, department.dname FROM department,employee
WHERE department.did=employee.did;
```

上述语句执行成功后，结果如下：

```
mysql> SELECT employee.name, department.dname FROM department,employee
WHERE department.did=employee.did;
```

```
+------+--------+
| name | dname  |
+------+--------+
| 王红 | 网络部 |
| 李强 | 网络部 |
| 赵四 | 媒体部 |
+------+--------+
3 rows in set (0.00 sec)
```

从查询结果可以看出，使用 WHERE 子句的查询结果与使用 INNER JOIN 的查询结果是一致的。需要注意的是，这两个语句的查询结果虽然相同，但是 INNER JOIN 是内连接语句，WHERE 是条件判断语句，在 WHERE 语句后可以直接添加其他条件，而 INNER JOIN 语句不可以。

如果在一个连接查询中，涉及的两个表是同一个表，这种查询称为自连接查询。自连接是一种特殊的内连接，它是指相互连接的表在物理上为同一个表，但逻辑上分为两个表，例如要查询王红所在的部门有哪些员工，就可以使用自连接查询。

【例 5-4】 在 department 表和 employee 表之间使用自连接查询，SQL 语句如下：

```
SELECT p1.* FROM employee p1 JOIN employee p2 ON p1.did=p2.did WHERE p2.name=
'王红';
```

上述语句执行成功后，结果如下：

```
mysql> SELECT p1.* FROM employee p1 JOIN employee p2
ON p1.did=p2.did WHERE p2.name='王红';
+----+------+------+-----+
| id | name | age  | did |
+----+------+------+-----+
|  1 | 王红 |  20  |  1  |
|  2 | 李强 |  22  |  1  |
+----+------+------+-----+
2 rows in set (0.03 sec)
```

从查询结果可以看出，王红所在的部门有两个员工，分别是王红和李强。

5.3.3 外连接

前面讲解的内连接查询中，返回的结果只包含符合查询条件和连接条件的数据，然而有时还需要包含没有关联的数据，即返回查询结果中不仅包含符合条件的数据，而且还包括左表（左连接或左外连接）、右表（右连接或右外连接）或两个表（全外连接）中的所有数据，此时就需要使用外连接查询，外连接分为左连接和右连接。

外连接的语法格式如下：

```
SELECT 所查字段 FROM 表 1 LEFT|RIGHT [OUTER] JOIN 表 2
ON 表 1.关系字段=表 2.关系字段 WHERE 条件
```

外连接的语法格式和内连接类似,只不过使用的是 LEFT JOIN、RIGHT JOIN 关键字,其中关键字左边的表被称为左表,关键字右边的表被称为右表。

在使用左连接和右连接查询时,查询结果是不一致的,具体如下。

(1) LEFT JOIN(左连接):返回包括左表中的所有记录和右表中符合连接条件的记录。

(2) RIGHT JOIN(右连接):返回包括右表中的所有记录和左表中符合连接条件的记录。

为了让初学者更好地学习外连接查询,接下来就针对外连接中的左连接和右连接进行详细的讲解。

1. LEFT JOIN(左连接)

左连接的结果包括 LEFT JOIN 子句中指定的左表的所有记录,以及所有满足连接条件的记录。如果左表的某条记录在右表中不存在,则在右表中显示为空。

【例 5-5】 在 department 表和 employee 表之间使用左连接查询,SQL 语句如下:

```
SELECT department.did,department.dname,employee.name FROM department
LEFT JOIN employee on department.did=employee.did;
```

上述语句执行成功后,结果如下:

```
mysql> SELECT department.did,department.dname,employee.name FROM department
LEFT JOIN employee ON department.did=employee.did;
+------+--------+------+
| did  | dname  | name |
+------+--------+------+
|  1   | 网络部 | 王红 |
|  1   | 网络部 | 李强 |
|  2   | 媒体部 | 赵四 |
|  3   | 研发部 | NULL |
|  5   | 人事部 | NULL |
+------+--------+------+
5 rows in set (0.00 sec)
```

从上述结果可以看出,显示了 5 条记录,并且人事部没有 did 等于 5 的员工。

2. RIGHT JOIN(右连接)

右连接与左连接正好相反,返回右表中所有指定的记录和所有满足连接条件的记录。如果右表的某条记录在左表中没有匹配,则左表将返回空值。

【例 5-6】 在 department 表和 employee 表之间使用右连接查询，SQL 语句如下：

```
SELECT department.did,department.dname,employee.name FROM department
RIGHT JOIN employee ON department.did=employee.did;
```

上述语句执行成功后，结果如下：

```
mysql> SELECT department.did,department.dname,employee.name FROM department
RIGHT JOIN employee ON department.did=employee.did;
+------+--------+------+
| did  | dname  | name |
+------+--------+------+
|  1   | 网络部 | 王红 |
|  1   | 网络部 | 李强 |
|  2   | 媒体部 | 赵四 |
| NULL | NULL   | 郝娟 |
+------+--------+------+
4 rows in set (0.00 sec)
```

从上述结果可以看出，显示了 4 条记录，并且 name 值为郝娟的员工并没有被分配部门。

5.3.4 复合条件连接查询

复合条件连接查询就是在连接查询的过程中，通过添加过滤条件来限制查询结果，使查询结果更加精确。

【例 5-7】 在 department 表和 employee 表之间使用内连接查询，并将查询结果按照年龄从大到小进行排序，SQL 语句如下：

```
SELECT employee.name, employee.age, department.dname FROM department
JOIN employee
ON department.did=employee.did order by age;
```

上述语句执行成功后，结果如下：

```
mysql> SELECT employee.name, employee.age, department.dname FROM department JOIN
employee ON department.did=employee.did order by age;
+------+------+--------+
| name | age  | dname  |
+------+------+--------+
| 赵四 |  20  | 媒体部 |
| 王红 |  20  | 网络部 |
```

```
| 李强   | 22   | 网络部   |
+------+------+--------+
3 rows in set (0.02 sec)
```

从上述结果可以看出,使用复合条件查询的结果更加精确,符合实际需求。

5.4 子查询

子查询是指一个查询语句嵌套在另一个查询语句内部的查询。它可以嵌套在一个 SELECT、SELECT…INTO 语句、INSERT…INTO 等语句中。在执行查询语句时,首先会执行子查询中的语句,然后将返回的结果作为外层查询的过滤条件,在子查询中通常可以使用 IN、EXISTS、ANY、ALL 操作符。本节将针对子查询进行详细的讲解。

5.4.1 带 IN 关键字的子查询

使用 IN 关键字进行子查询时,内层查询语句仅返回一个数据列,这个数据列中的值将供外层查询语句进行比较操作。

【例 5-8】 查询存在年龄为 20 岁的员工的部门,SQL 语句如下:

```
SELECT * FROM department WHERE did IN(SELECT did FROM employee WHERE age=20);
```

上述语句执行成功后,结果如下:

```
mysql> SELECT * FROM department WHERE did IN(SELECT did FROM employee WHERE age=20);
+-----+--------+
| did | dname  |
+-----+--------+
|  1  | 网络部  |
|  2  | 媒体部  |
+-----+--------+
2 rows in set (0.00 sec)
```

从上述结果可以看出,只有网络部和媒体部有年龄为 20 岁的员工。在查询的过程中,首先会执行内层子查询,得到年龄为 20 岁的员工的部门 id,然后根据部门 id 与外层查询的比较条件,最终得到符合条件的数据。

SELECT 语句中还可以使用 NOT IN 关键字,其作用正好与 IN 相反。

【例 5-9】 查询不存在年龄为 20 岁的员工的部门,SQL 语句如下:

```
SELECT * FROM department WHERE did NOT IN(SELECT did FROM employee WHERE age=20);
```

上述语句执行成功后,结果如下:

```
mysql> SELECT * FROM department WHERE did NOT IN(SELECT did FRO
M employee WHERE age=20);
+-----+--------+
| did | dname  |
+-----+--------+
|   3 | 研发部 |
|   5 | 人事部 |
+-----+--------+
2 rows in set (0.39 sec)
```

从上述结果可以看出,只有研发部与人事部不存在年龄为 20 岁的员工。明显可以看出,使用 NOT IN 关键字的查询结果与使用 IN 关键字的查询结果正好相反。

5.4.2 带 EXISTS 关键字的子查询

EXISTS 关键字后面的参数可以是任意一个子查询,这个子查询的作用相当于测试,它不产生任何数据,只返回 TRUE 或 FALSE,当返回值为 TRUE 时,外层查询才会执行。

【例 5-10】 查询 employee 表中是否存在年龄大于 21 岁的员工,如果存在,则查询 department 表中的所有记录,SQL 语句如下:

```
SELECT * FROM department WHERE EXISTS(select did from employee where age>21);
```

上述语句执行成功后,结果如下:

```
mysql> SELECT * FROM department WHERE EXISTS (select did from employee where age>21);
+-----+--------+
| did | dname  |
+-----+--------+
|   1 | 网络部 |
|   2 | 媒体部 |
|   3 | 研发部 |
|   5 | 人事部 |
+-----+--------+
4 rows in set (0.00 sec)
```

由于 employee 表中有年龄大于 21 岁的员工,因此子查询的返回结果为 TRUE,所以外层的查询语句会执行,即查询出所有的部门信息。需要注意的是,EXISTS 关键字比 IN 关键字的运行效率高,所以在实际开发中,特别是大数据量时,推荐使用 EXISTS 关键字。

5.4.3 带 ANY 关键字的子查询

ANY 关键字表示满足其中任意一个条件,它允许创建一个表达式对子查询的返回值列表进行比较,只要满足内层子查询中的任意一个比较条件,就返回一个结果作为外层查询条件。

【例 5-11】 使用带 ANY 关键字的子查询,查询满足条件的部门,SQL 语句如下:

```
SELECT * FROM department WHERE did>any(select did from employee);
```

上述语句执行成功后,结果如下:

```
mysql> SELECT * FROM department WHERE did>any(select did from employee);
+-----+--------+
| did | dname  |
+-----+--------+
|  2  | 媒体部 |
|  3  | 研发部 |
|  5  | 人事部 |
+-----+--------+
3 rows in set (0.02 sec)
```

上述语句在执行的过程中,首先子查询会将 employee 表中的所有 did 查询出来,分别为 1、1、2、4,然后将 department 表中 did 的值与之进行比较,只要大于 employee.did 中的任意一个值,就是符合条件的查询结果,由于 department 表中的媒体部、研发部、人事部的 did 都大于 employee 表中的 did(did=1),因此输出结果为媒体部、研发部和人事部。

5.4.4 带 ALL 关键字的子查询

ALL 关键字与 ANY 有点类似,只不过带 ALL 关键字的子查询返回的结果需同时满足所有内层查询条件。

【例 5-12】 使用带 ALL 关键字的子查询,查询满足条件的部门,SQL 语句如下:

```
SELECT * FROM department WHERE did>all(select did from employee);
```

上述语句执行成功后,结果如下:

```
mysql> SELECT * FROM department WHERE did >all(select did from employee);
+-----+--------+
| did | dname  |
+-----+--------+
|  5  | 人事部 |
+-----+--------+
1 row in set (0.00 sec)
```

上述语句在执行的过程中,首先子查询会将 employee 表中的所有 did 查询出来,分别为 1、1、2、4，然后将 department 表中 did 的值与之进行比较，只有大于 employee.did 的所有值，才是符合条件的查询结果，由于只有人事部的 did=5，大于 employee 表中的所有 did，因此最终查询结果为人事部。

5.4.5 带比较运算符的子查询

在前面讲解的 ANY 关键字和 ALL 关键字的子查询中使用了">"比较运算符，子查询中还可以使用其他的比较运算符，如"<"、">="、"="、"!="等。

【例 5-13】 使用带比较运算符的子查询，查询赵四是哪个部门的员工，SQL 语句如下：

```
SELECT * FROM department WHERE did=(select did from employee where name='赵四');
```

上述语句执行成功后，结果如下：

```
mysql> SELECT * FROM department WHERE did=
(select did from employee where name='赵四');
+-----+--------+
| did | dname  |
+-----+--------+
|  2  | 媒体部 |
+-----+--------+
1 row in set (0.00 sec)
```

从上述语句可以看出，赵四是媒体部的员工。首先通过子查询可以知道赵四的部门 did=2，然后将这个 did 作为外层查询的条件，最后可以知道赵四是媒体部的员工。

小　　结

本章主要讲解了多表操作的相关知识，包括外键、表之间的关联关系、多表操作中添加数据、删除数据、修改数据以及查询数据，其中查询数据是比较重要的部分，特别是连接查询和子查询。通过本章的学习，希望读者能够熟练掌握多表查询中的连接查询和子查询。

测　一　测

有部门表 dept 和员工表 employee，根据如下条件编写 SQL 语句：
(1) 查询存在年龄大于 21 岁的员工所对应的部门信息。
(2) 采用自连接查询方式查询与王红在同一个部门的员工。
扫描右方二维码，查看思考题答案。

第 6 章

事务与存储过程

学习目标
- 了解事务的概念,会开启、提交和回滚事务
- 掌握事务的 4 种隔离级别
- 学会创建存储过程
- 掌握调用、查看、修改和删除存储过程

通过前几章的学习,读者对数据库的概念、数据库的基本操作以及 SQL 语句的使用有了一定的了解,在数据库开发过程中,经常会为了完成某一功能而编写一组 SQL 语句。为了确保每一组 SQL 语句所做操作的完整性和重用性,MySQL 中引入了事务和存储过程的管理,本章将针对事务与存储过程进行详细的讲解。

6.1 事务管理

事务处理机制在程序开发过程中有着非常重要的作用,它可以使整个系统更加安全,保证在同一个事务中的操作具有同步性,本节将针对事务管理进行详细的讲解。

6.1.1 事务的概念

现实生活中,人们经常会进行转账操作,转账可以分为两部分来完成,转入和转出,只有这两个部分都完成才认为转账成功。在数据库中,这个过程是使用两条语句来完成的,如果其中任意一条语句出现异常没有执行,则会导致两个账户的金额不同步,造成错误。

为了防止上述情况的发生,MySQL 中引入了事务,所谓事务就是针对数据库的一组操作,它可以由一条或多条 SQL 语句组成,同一个事务的操作具备同步的特点,如果其中有一条语句无法执行,那么所有的语句都不会执行,也就是说,事务中的语句要么都执行,要么都不执行。

在数据库中使用事务时,必须先开启事务,开启事务的语句具体如下:

```
START TRANSACTION;
```

上述语句就用于开启事务,事务开启之后就可以执行 SQL 语句,SQL 语句执行成功后,需要使用相应语句提交事务,提交事务的语句具体如下:

```
COMMIT;
```

需要注意的是,在 MySQL 中直接书写的 SQL 语句都是自动提交的,而事务中的操作语句都需要使用 COMMIT 语句手动提交,只有事务提交后其中的操作才会生效。

如果不想提交当前事务还可以使用相关语句取消事务(也称回滚),具体语句如下:

```
ROLLBACK;
```

需要注意的是,ROLLBACK 语句只能针对未提交的事务执行回滚操作,已提交的事务是不能回滚的。

通过上述的讲解,读者对事务有了一个简单的了解,为了让读者更好地学习事务,接下来通过一个转账的案例来演示如何使用事务。在演示之前,首先需要创建一个名称为 chapter06 的数据库,并且在 chapter06 中创建一个 account 表,插入相应的数据,SQL 语句具体如下:

```
CREATE DATABASE chapter06;
USE chapter06;
CREATE TABLE account(
    id INT primary key auto_increment,
    name VARCHAR(40),
    money FLOAT
);
INSERT INTO account(name,money) VALUES('a',1000);
INSERT INTO account (name, money) VALUES ('b', 1000);
```

为了验证数据是否添加成功,可以使用 SELECT 语句查询 account 表中的数据,查询结果如下:

```
mysql> SELECT * FROM account;
+----+------+-------+
| id | name | money |
+----+------+-------+
|  1 |  a   | 1000  |
|  2 |  b   | 1000  |
+----+------+-------+
2 rows in set (0.00 sec)
```

从上述结果可以看出数据添加成功了,接下来使用事务来演示如何实现转账功能。

【例 6-1】 首先开启一个事务,然后通过 UPDATE 语句将 a 账户的 100 元钱转给 b 账户,最后提交事务,具体语句如下:

```
START TRANSACTION;
UPDATE account SET money=money-100 WHERE NAME='a';
UPDATE account SET money=money+100 WHERE NAME='b';
COMMIT;
```

上述语句执行成功后,可以使用 SELECT 语句来查询 account 表中的余额,查询结果如下:

```
mysql> SELECT * FROM account;
+----+------+-------+
| id | name | money |
+----+------+-------+
|  1 |  a   |  900  |
|  2 |  b   |  1100 |
+----+------+-------+
2 rows in set (0.00 sec)
```

从查询结果可以看出,通过事务成功地完成了转账功能。需要注意的是,上述两条 UPDATE 语句中如果任意一条语句出现错误就会导致事务不会提交,这样一来,如果在提交事务之前出现异常,事务中未提交的操作就会被取消,因此就可以保证事务的同步性。

事务有很严格的定义,它必须同时满足 4 个特性,即原子性(Atomicity)、一致性(Consistency)、隔离性(Isolation)、持久性(Durability),也就是人们俗称的 ACID 标准,接下来就针对这 4 个特性进行讲解,具体如下。

1. 原子性

原子性是指一个事务必须被视为一个不可分割的最小工作单元,只有事务中所有的数据库操作都执行成功,才算整个事务执行成功,事务中如果有任何一个 SQL 语句执行失败,已经执行成功的 SQL 语句也必须撤销,数据库的状态退回到执行事务前的状态。

2. 一致性

一致性是指事务将数据库从一种状态转变为下一种一致的状态。例如,在表中有一个字段为姓名,具有唯一约束,即姓名不能重复,如果一个事务对姓名进行了修改,使姓名变得不唯一了,这就破坏了事务的一致性要求,如果事务中的某个动作失败了,系统可以自动撤销事务,返回初始化的状态。

3. 隔离性

隔离性还可以称为并发控制、可串行化、锁等,当多个用户并发访问数据库时,数据库为每一个用户开启的事务,不能被其他事务的操作数据所干扰,多个并发事务之间要相互隔离。

4. 持久性

事务一旦提交,其所做的修改就会永久保存到数据库中,即使数据库发生故障也不应该对其有任何影响。需要注意的是,事务的持久性不能做到100%的持久,只能从事务本身的角度来保证永久性,而一些外部原因导致数据库发生故障,如硬盘损坏,那么所有提交的数据可能都会丢失。

需要注意的是,针对事务的4个特性有个简单的印象就可以了,不必太过斟酌,事务的操作才是重点掌握的内容。

6.1.2 事务的提交

现实生活中,许多操作都是需要用户确认的,例如在删除一个文档时,当选择删除时,会弹出一个提示对话框,包含两个按钮"确定"和"取消",如果单击"确定"按钮该文档才会删除。同理,在数据库中,有些命令的使用也是需要被确认的,例如事务中的操作就需要用户确认,当用户确认提交后,事务中的操作才会执行成功,这个过程就是手动提交的过程,接下来针对事务的提交进行详细的讲解。

为了说明事务的提交方式为手动提交,接下来,在6.1.1节的基础上进行操作,这时的a账户有900元钱,b账户有1100元钱,开启一个事务,使用UPDATE语句实现由b账户向a账户转100元钱的转账功能,具体语句如下:

```
START TRANSACTION;
UPDATE account SET money=money+100 WHERE name='a';
UPDATE account SET money=money-100 WHERE name='b';
```

上述语句执行成功后,可以使用SELECT语句来查询account表中的余额,查询结果如下:

```
mysql> SELECT * FROM account;
+----+------+-------+
| id | name | money |
+----+------+-------+
| 1  |  a   | 1000  |
| 2  |  b   | 1000  |
+----+------+-------+
2 rows in set (0.00 sec)
```

从上述结果可以看出,在事务中实现了转账功能。此时,退出数据库然后重新登录,并查询数据库中各账户的余额信息,查询结果如下:

```
mysql> SELECT * FROM account;
+----+------+-------+
| id | name | money |
```

```
+----+------+-------+
| 1  | a    | 900   |
| 2  | b    | 1100  |
+----+------+-------+
2 rows in set (0.00 sec)
```

从上述结果可以看出，事务中的转账操作没有成功，这是因为在事务中转账成功后还没有提交事务就退出数据库了，由于事务中的语句不能自动提交，因此当前的操作就被自动取消了。接下来再次执行上述语句，然后使用 commit 语句来提交事务，具体语句如下：

```
START TRANSACTION;
UPDATE account SET money=money+100 WHERE name='a';
UPDATE account SET money=money-100 WHERE name='b';
COMMIT;
```

上述语句执行成功后，退出数据库然后再重新登录，使用 SELECT 语句查询数据库中各账户的余额信息，查询结果如下：

```
mysql> SELECT * FROM account;
+----+------+-------+
| id | name | money |
+----+------+-------+
| 1  | a    | 1000  |
| 2  | b    | 1000  |
+----+------+-------+
2 rows in set (0.00 sec)
```

从上述结果可以看出，事务中的转账操作成功了。需要注意的是，由于事务中的操作都是手动提交的，因此在操作完事务时，一定要使用 COMMIT 语句提交事务，否则事务操作会失败。

6.1.3 事务的回滚

在操作一个事务时，如果发现当前事务中的操作是不合理的，此时只要还没有提交事务，就可以通过回滚来取消当前事务，接下来就针对事务的回滚进行详细的讲解。

为了演示事务的回滚操作，在 6.1.2 节的基础上进行操作，这时的 a 账户有 1000 元，b 账户有 1000 元，开启一个事务，通过 update 语句将 a 账户的 100 元钱转给 b 账户，具体语句如下：

```
START TRANSACTION;
UPDATE account SET money=money-100 WHERE name='a';
UPDATE account SET money=money+100 WHERE name='b';
```

上述语句执行成功后,使用 SELECT 语句查询 A 账户和 B 账户的金额,查询结果如下:

```
mysql> SELECT * FROM account;
+----+------+-------+
| id | name | money |
+----+------+-------+
|  1 | a    |   900 |
|  2 | b    |  1100 |
+----+------+-------+
2 rows in set (0.00 sec)
```

从上述结果可以看出,a 账户成功给 b 账户转账 100 元钱,如果此时 a 账户不想给 b 账户转账了,由于事务还没有提交,就可以将事务回滚,具体语句如下:

```
ROLLBACK;
```

ROLLBACK 语句执行成功后,再次使用 SELECT 语句查询数据库,查询结果如下:

```
mysql> SELECT * FROM account;
+----+------+-------+
| id | name | money |
+----+------+-------+
|  1 | a    |  1000 |
|  2 | b    |  1000 |
+----+------+-------+
2 rows in set (0.00 sec)
```

从查询结果可以看出,数据库中 a 账户的金额和 b 账户的金额还是 1000 元,并没有完成转账的功能,因此可以说明当前事务中的操作取消了。

6.1.4 事务的隔离级别

数据库是多线程并发访问的,所以很容易出现多个线程同时开启事务的情况,这样就会出现脏读、重复读以及幻读的情况,为了避免这种情况的发生,就需要为事务设置隔离级别。在 MySQL 中,事务有 4 种隔离级别,接下来将针对这 4 种隔离级别进行详细的讲解。

1. READ UNCOMMITTED

READ UNCOMMITTED(读未提交)是事务中最低的级别,该级别下的事务可以读取到另一个事务中未提交的数据,也被称为脏读(Dirty Read),这是相当危险的。由于该级别较低,在实际开发中避免不了任何情况,所以一般很少使用。

2. READ COMMITTED

大多数的数据库管理系统的默认隔离级别都是READ COMMITTED(读提交)(如Oracle),该级别下的事务只能读取其他事务已经提交的内容,可以避免脏读,但不能避免重复读和幻读的情况。重复读就是在事务内重复读取了别的线程已经提交的数据,但两次读取的结果不一致,原因是查询的过程中其他事务做了更新的操作。幻读是指在一个事务内两次查询中数据条数不一致,原因是查询的过程中其他的事务做了添加操作。这两种情况并不算错误,但有些情况是不符合实际需求的,后面会具体讲解。

3. REPEATABLE READ

REPEATABLE READ(可重复读)是MySQL默认的事务隔离级别,它可以避免脏读、不可重复读的问题,确保同一事务的多个实例在并发读取数据时,会看到同样的数据行。但理论上,该级别会出现幻读的情况,不过MySQL的存储引擎通过多版本并发控制机制解决了该问题,因此该级别是可以避免幻读的。

4. SERIALIZABLE

SERIALIZABLE(可串行化)是事务的最高隔离级别,它会强制对事务进行排序,使之不会发生冲突,从而解决脏读、幻读、重复读的问题。实际上,就是在每个读的数据行上加锁。这个级别,可能导致大量的超时现象和锁竞争,实际应用中很少使用。

上述的4种级别可能会产生不同的问题,如脏读、重复读、幻读、耗时的操作等,接下来就分别演示这几种情况,具体如下。

1. 脏读

所谓的脏读就是指一个事务读取了另外一个事务未提交的数据。试想一下,a账户要给b账户转账100元购买商品,如果a账户开启了一个事务,执行了下面的UPDATE语句做了转账的工作。

```
UPDATE account SET money=money-100 WHERE name='a';
UPDATE account SET money=money+100 WHERE name='b';
```

如果a账户先不提交事务,通知b账户来查询,由于b的隔离级别较低,此时就会读到a事务中未提交的数据,发现a确实给自己转了100元,然后给a发货,等b发货成功后a就将事务回滚,此时,b就会受到损失,这就是脏读造成的。

为了演示上述情况,首先需要开启两个命令行窗口(相当于开启两个线程),分别模拟a账户和b账户,然后登录到MySQL数据库,并将操作的数据库切换为chapter06,如图6-1和图6-2所示。

需要注意的是,下面所有的操作都是在这两个窗口中进行的,为了方便查看代码,将这两个窗口中的操作代码直接复制出来。

图 6-1 a 账户

图 6-2 b 账户

1）设置 b 账户中事务的隔离级别

大家都知道 MySQL 的默认隔离级别是 REPEATABLE READ（可重复读），该级别是可以避免脏读的，因此需要将 b 账户中事务的隔离级别设置为 READ UNCOMMITTED（读未提交），具体语句如下：

```
SET SESSION TRANSACTION ISOLATION LEVEL READ UNCOMMITTED;
```

上述语句中，SESSION 表示当前会话，TRANSACTION 就表示事务，ISOLATION 表示隔离，LEVEL 表示级别，READ UNCOMMITTED 表示当前的隔离级别，该语句执行成功后，使用 SELECT 语句查询事务的隔离级别，结果如下：

```
mysql> SELECT @@tx_isolation;
+-----------------+
| @@tx_isolation  |
+-----------------+
| READ-UNCOMMITTED |
+-----------------+
1 row in set (0.00 sec)
```

从上述结果可以看出，b 账户事务的隔离级别已经被修改为 READ UNCOMMITTED，接下来就可以演示脏读的情况。

2）演示脏读

b 账户：为了证明出现脏读的情况，首先在 b 账户中开启一个事务，并在该事务中查询当前账户的余额信息，查询结果如下：

```
mysql> START TRANSACTION;
Query OK, 0 rows affected (0.00 sec)
mysql> SELECT * FROM account;
```

```
+----+------+-------+
| id | name | money |
+----+------+-------+
|  1 |  a   | 1000  |
|  2 |  b   | 1000  |
+----+------+-------+
2 rows in set (0.00 sec)
```

a账户：在a账户中开启一个事务，并在当前窗口中执行转账功能，具体语句如下：

```
START TRANSACTION;
UPDATE account SET money=money-100 WHERE name='a';
UPDATE account SET money=money+100 WHERE name='b';
```

需要注意的是，此时不要提交事务，如果提交事务就无法演示出现脏读的情况。
b账户：a账户执行完转账语句后，b账户查询当前账户，此时的查询结果如下：

```
mysql> SELECT * FROM account;
+----+------+-------+
| id | name | money |
+----+------+-------+
|  1 |  a   |  900  |
|  2 |  b   | 1100  |
+----+------+-------+
2 rows in set (0.00 sec)
```

从查询结果可以看出，a账户已经成功给b账户转账了100元钱，这是由于b账户的事务隔离级别较低，因此读取了a账户中还没有提交的内容，出现了脏读的情况，这时b误以为a账户已经转账成功了，便会给a发货，当b发货后a如果不提交事务将事务回滚，此时b就会受到损失。上述情况演示完，最后还需将a账户中的事务回滚，将b账户中的事务提交。

3）设置b账户中事务的隔离级别

为了防止脏读发生，可以将b账户中事务的隔离级别设置为READ COMMITED（读提交），该级别可以避免脏读，具体语句如下：

```
SET SESSION TRANSACTION ISOLATION LEVEL READ COMMITTED;
```

上述语句执行成功后，b账户的隔离级别已经被设置为READ COMMITTED。

4）验证是否出现脏读

b账户：为了说明没有出现脏读的情况，首先要在b账户中开启一个事务，并在该事务中查询各账户的余额信息，查询结果如下：

```
mysql> START TRANSACTION;
Query OK, 0 rows affected (0.00 sec)
mysql> SELECT * FROM account;
+----+------+-------+
| id | name | money |
+----+------+-------+
| 1  |  a   | 1000  |
| 2  |  b   | 1000  |
+----+------+-------+
2 rows in set (0.00 sec)
```

a 账户：在 a 账户中重新开启一个事务，实现转账功能，具体语句如下：

```
START TRANSACTION;
UPDATE account SET money=money-100 WHERE name='a';
UPDATE account SET money=money+100 WHERE name='b';
```

b 账户：当 a 账户转账成功后，可以在 b 账户中再次查询各账户的余额信息，查询结果如下：

```
mysql> SELECT * FROM account;
+----+------+-------+
| id | name | money |
+----+------+-------+
| 1  |  a   | 1000  |
| 2  |  b   | 1000  |
+----+------+-------+
2 rows in set (0.00 sec)
```

通过对比两次查询结果可以发现，b 账户在同一个事务中的查询结果是一致的，并没有查询到 a 账户中未提交的内容，因此可以说明 READ COMMITTED 隔离级别可以避免脏读。最后分别将 a 账户中的事务和 b 账户中的事务回滚。

2．不可重复读

所谓的不可重复读（NON-REPEATABLE READ）是指事务中两次查询的结果不一致，原因是在查询的过程中其他事务做了更新的操作。例如，银行在做统计报表时，第一次查询 a 账户有 1000 元钱，第二次查询 a 账户有 900 元钱，原因是统计期间 a 账户取出了 100 元，这样就会导致多次统计报表的结果不一致。

不可重复读和脏读有点类似，但是脏读是读取前一个事务未提交的脏数据，不可重复读是在事务内重复读取了别的线程已提交的数据，对于初学者来说可能比较难以理解，接下来就通过案例来演示不可重复读的情况，具体步骤如下。

1）演示不可重复读

b 账户：首先在 b 账户中开启一个事务，然后在当前事务中查询各账户的余额信息，查询结果如下：

```
mysql> START TRANSACTION;
Query OK, 0 rows affected (0.00 sec)
mysql> select * from account;
+----+------+-------+
| id | name | money |
+----+------+-------+
|  1 | a    |  1000 |
|  2 | b    |  1000 |
+----+------+-------+
2 rows in set (0.00 sec)
```

a 账户：在 a 账户中不用开启事务，直接使用 UPDATE 语句执行更新操作即可，具体语句如下：

```
UPDATE account SET money=money-100 WHERE name ='a';
```

由于 a 账户只需要执行修改的操作，不需要保证同步性，因此直接执行 SQL 语句就可以，执行结果如下所示：

```
mysql> UPDATE account SET money=money-100 WHERE name ='a';
Query OK, 1 row affected (0.02 sec)
Rows matched: 1  Changed: 1  Warnings: 0
```

使用 SELECT 语句查询 a 账户的余额信息，查询结果如下：

```
mysql> SELECT * FROM account;
+----+------+-------+
| id | name | money |
+----+------+-------+
|  1 | a    |   900 |
|  2 | b    |  1000 |
+----+------+-------+
2 rows in set (0.00 sec)
```

b 账户：当 a 账户中的更新操作执行成功后，在 b 账户中再次查询各账户的余额，查询结果如下：

```
mysql> SELECT * FROM account;
+----+------+-------+
| id | name | money |
```

```
+----+------+-------+
| 1  |  a   |  900  |
| 2  |  b   | 1000  |
+----+------+-------+
2 rows in set (0.00 sec)
```

对比 b 账户两次查询结果可以发现，两次查询结果是不一致的，实际上这种操作是没错的，但是如果在银行统计报表时，这种情况是不符合需求的，因为我们并不希望在一个事务中看到的查询结果不一致，这就是不可重复读。上述情况演示成功后，还是要将 b 账户中的事务提交。

2）设置 b 账户中事务的隔离级别

b 账户：为了防止重复读的情况出现，可以将该事务的隔离级别设置为 REPEATABLE READ（可重复读），具体语句如下：

```
SET SESSION TRANSACTION ISOLATION LEVEL REPEATABLE READ;
```

上述语句执行成功后，b 账户事务的隔离级别被设置为 REPEATABLE READ。

3）验证是否出现不可重复读

b 账户：在 b 账户中，重新开启一个事务，然后使用 SELECT 语句查询当前账户的余额，查询结果如下：

```
mysql> START TRANSACTION;
Query OK, 0 rows affected (0.00 sec)
mysql> SELECT * FROM account;
+----+------+-------+
| id | name | money |
+----+------+-------+
| 1  |  a   |  900  |
| 2  |  b   | 1000  |
+----+------+-------+
2 rows in set (0.00 sec)
```

a 账户：在 a 账户中不开启事务，直接使用 UPDATE 语句执行更新操作，具体如下：

```
UPDATE account SET money=money-100 WHERE name='a';
```

使用 SELECT 语句查询各账户的余额信息，查询结果如下：

```
mysql> SELECT * FROM account;
+----+------+-------+
| id | name | money |
```

```
+----+------+-------+
| 1  | a    |  800  |
| 2  | b    | 1000  |
+----+------+-------+
2 rows in set (0.00 sec)
```

b账户：当 a 账户中的 UPDATE 语句执行成功后，b 账户在当前事务中，再次查询各账户的余额信息，查询结果如下：

```
mysql> SELECT * FROM account;
+----+------+-------+
| id | name | money |
+----+------+-------+
| 1  | a    |  900  |
| 2  | b    | 1000  |
+----+------+-------+
2 rows in set (0.00 sec)
```

对比 b 账户两次的查询结果可以发现，查询的结果是一致的，并没有出现不同的数据，因此，可以说明事务的隔离级别为 REPEATABLE READ 时，可以避免重复读的情况。演示完成后，将 b 账户中的事务提交。

3. 幻读

幻读(PHANTOM READ)又被称为虚读，是指在一个事务内两次查询中数据条数不一致，幻读和不可重复读有些类似，同样是在两次查询过程中，不同的是，幻读是由于其他事务做了插入记录的操作，导致记录数有所增加。

例如，银行在做统计报表时统计 account 表中所有用户的总额时，此时总共有三个账户总共金额有 3000，这时新增了一个账户，并且存入了 1000 元，这时银行再统计时发现账户的总金额变为 4000，造成了幻读的情况。接下来就通过案例来演示幻读的情况，具体步骤如下。

1）设置 b 账户的隔离级别

b 账户：由于前面将事务的隔离级别设置为 REPEATABLE READ(可重复读)，这种隔离级别可以避免幻读的出现，因此需要将事务的隔离级别设置得更低，下面将事务的隔离级别设置为 READ COMMITTED，具体语句如下：

```
SET SESSION TRANSACTION ISOLATION LEVEL READ COMMITTED;
```

上述语句执行成功后，b 账户事务的隔离级别为 READ COMMITTED。

2）演示幻读

b 账户：首先在 b 账户中开启一个事务，然后在当前事务中查询账户的余额信息，查询结果如下：

```
mysql> START TRANSACTION;
Query OK, 0 rows affected (0.00 sec)
mysql> SELECT * FROM account;
+----+------+-------+
| id | name | money |
+----+------+-------+
| 1  | a    |  800  |
| 2  | b    | 1000  |
+----+------+-------+
2 rows in set (0.01 sec)
```

a账户：在对a账户进行添加操作之前，使用SELECT语句查看当前a账户中的信息，执行语句如下所示：

```
mysql> SELECT * FROM account;
+----+------+-------+
| id | name | money |
+----+------+-------+
| 1  | a    |  800  |
| 2  | b    | 1000  |
+----+------+-------+
2 rows in set (0.00 sec)
```

接下来对a账户进行添加操作，a账户不用开启事务，直接执行添加操作即可，具体语句如下：

```
INSERT INTO account(name, money) VALUES('c',1000);
```

b账户：当a账户添加记录成功后，可以在b账户中再次查询账户的余额信息，查询结果如下：

```
mysql> SELECT * FROM account;
+----+------+-------+
| id | name | money |
+----+------+-------+
| 1  | a    |  800  |
| 2  | b    | 1000  |
| 3  | c    | 1000  |
+----+------+-------+
3 rows in set (0.01 sec)
```

通过对比b账户设置READ COMMITTED隔离级别前后，发现第二次查询数据时比第一次查询时多了一条记录，这种情况并不是错误的，但可能不符合实际需求。需要注意的是，上述情况演示完成后，将 b 账户中的事务提交。

3）重新设置 b 账户的隔离级别

b 账户：为了防止出现幻读，可以将 b 账户的隔离级别设置为 REPEATABLE READ，具体语句如下：

```
SET SESSION TRANSACTION ISOLATION LEVEL REPEATABLE READ;
```

上述语句执行成功后，事务的隔离级别被设置为 REPEATABLE READ。

4）验证是否出现幻读

b 账户：在 b 账户中重新开启一个事务，并在该事务中查询当前账户的余额信息，查询结果如下：

```
mysql> START TRANSACTION;
Query OK, 0 rows affected (0.00 sec)
mysql> SELECT * FROM account;
+----+------+-------+
| id | name | money |
+----+------+-------+
|  1 | a    |   800 |
|  2 | b    |  1000 |
|  3 | c    |  1000 |
+----+------+-------+
3 rows in set (0.00 sec)
```

a 账户：在对 a 账户进行添加操作之前，使用 SELECT 语句查看当前 a 账户中的信息，执行语句如下所示：

```
mysql> SELECT * FROM account;
+----+------+-------+
| id | name | money |
+----+------+-------+
|  1 | a    |   800 |
|  2 | b    |  1000 |
|  3 | c    |  1000 |
+----+------+-------+
3 rows in set (0.00 sec)
```

接下来对 a 账户进行添加操作，在 a 账户中不开启事务，直接执行添加操作，具体语句如下：

```
INSERT INTO account(name, money) VALUES('d',1000);
```

b 账户：当 a 账户的添加操作执行成功后，再次查询当前账户的余额信息，查询结果如下：

```
mysql> SELECT * FROM account;
+----+------+-------+
| id | name | money |
+----+------+-------+
| 1  | a    | 800   |
| 2  | b    | 1000  |
| 3  | c    | 1000  |
+----+------+-------+
3 rows in set (0.00 sec)
```

对比 b 账户的两次查询结果可以看出，在同一个事务中两次的查询结果是一致的，并没有出现重复读取的情况，因此可以说明当前事务的隔离级别可以避免幻读，最后还需要使用 COMMIT 语句提交当前事务，提交后的账户查询结果如下所示：

```
mysql> SELECT * FROM account;
+----+------+-------+
| id | name | money |
+----+------+-------+
| 1  | a    | 800   |
| 2  | b    | 1000  |
| 3  | c    | 1000  |
| 4  | d    | 1000  |
+----+------+-------+
4 rows in set (0.00 sec)
```

4. 可串行化

可串行化（SERIALIZABLE）是事务的最高隔离级别，它在每个读的数据行上加上锁，使之不可能相互冲突，因此会导致大量的超时现象，接下来通过具体的案例来演示，具体步骤如下：

1）设置 b 账户中事务的隔离级别

b 账户：首先将 b 账户的隔离级别设置为 SERIALIZABLE，具体语句如下：

```
SET SESSION TRANSACTION ISOLATION LEVEL SERIALIZABLE;
```

上述语句执行成功后，当前事务的隔离级别被成功设置为 SERIALIZABLE。

2）演示可串行化

b 账户：首先在 b 账户中开启事务，然后使用 SELECT 语句查询各个账户的余额信息，查询结果如下：

```
mysql> START TRANSACTION;
Query OK, 0 rows affected (0.00 sec)
mysql> SELECT * FROM account;
+----+------+-------+
| id | name | money |
+----+------+-------+
|  1 |  a   |   800 |
|  2 |  b   |  1000 |
|  3 |  c   |  1000 |
|  4 |  d   |  1000 |
+----+------+-------+
4 rows in set (0.00 sec)
```

a 账户：开启一个事务，并在该事务中执行插入操作，执行结果如下：

```
mysql> START TRANSACTION;
Query OK, 0 rows affected (0.00 sec)
mysql> INSERT INTO account(name, money) VALUES ('e',1000);
```

从上述执行结果可以看出，当 b 账户正在事务中查询余额信息时，a 账户中的操作是不能立即执行的。

3）提交事务

b 账户：当 b 账户查询完余额信息后，立即提交当前事务，具体语句如下：

```
COMMIT;
```

a 账户：当 b 账户中的事务提交成功后，a 账户中的添加操作才能执行成功，并输出如下语句：

```
Query OK, 1 row affected (4.81 sec)
```

从上述情况可以说明，如果一个事务使用了 SERIALIZABLE（可串行化）隔离级别时，在这个事务没有被提交前，其他的线程只能等到当前操作完成后，才能进行操作，这样会非常耗时，而且会影响数据库的性能，通常情况下是不会使用这种隔离级别的。

6.2 存储过程的创建

在开发过程中，经常会遇到重复使用某一功能的情况，为此，MySQL 引入了存储过程。存储过程就是一条或多条 SQL 语句的集合，当对数据库进行一系列复杂操作时，存储过程可以将这些复杂操作封装成一个代码块，以便重复使用，大大减少数据库开发人员的工作量。本节将针对如何创建存储过程及创建存储过程时需要用到的变量、光标、流程控制等进行详细的讲解。

6.2.1 创建存储过程

想要使用存储过程,首先要创建一个存储过程。创建存储过程,需要使用 CREATE PROCEDURE 语句,创建存储过程的基本语法格式如下:

```
CREATE PROCEDURE sp_name([proc_parameter])
[characteristics…]routine_body
```

上述语法格式中,CREATE PROCEDURE 为用来创建存储过程的关键字;sp_name 为存储过程的名称;proc_parameter 为指定存储过程的参数列表,该参数列表的形式如下:

```
[IN|OUT|INOUT]param_name type
```

上述参数列表的形式中,IN 表示输入参数,OUT 表示输出参数,INOUT 表示既可以输入也可以输出;param_name 表示参数名称;type 表示参数的类型,它可以是 MySQL 数据库中的任意类型。

在创建存储过程的语法格式中,characteristics 用于指定存储过程的特性,它的取值说明具体如下。

(1) LANGUAGE SQL:说明 routine_body 部分是由 SQL 语句组成的,当前系统支持的语言为 SQL,SQL 是 LANGUAGE 的唯一值。

(2) [NOT]DETERMINISTIC:指明存储过程执行的结果是否确定。DETERMINISTIC 表示结果是确定的。每次执行存储过程时,相同的输入会得到相同的输出;NOT DETERMINISTIC 表示结果是不确定的,相同的输入可能得到不同的输出。如果没有指定任意一个值,默认为 NOT DETERMINISTIC。

(3) {CONTAINS SQL|NO SQL|READS SQL DATA|MODIFIES SQL DATA}:指明子程序使用 SQL 语句的限制。CONTAINS SQL 表明子程序包含 SQL 语句,但是不包含读写数据的语句;NO SQL 表明子程序不包含 SQL 语句;READS SQL DATA 说明子程序包含读写数据的语句;MODIFIES SQL DATA 表明子程序包含写数据的语句。默认情况下,系统会指定为 CONTAINS SQL。

(4) SQL SECURITY{DEFINER|INVOKER}:指明谁有权限来执行。DEFINER 表示只有定义者才能执行。INVOKER 表示拥有权限的调用者可以执行。默认情况下,系统指定为 DEFINER。

(5) COMMENT'string':注释信息,可以用来描述存储过程。

routime_body 是 SQL 代码的内容,可以用 BEGIN…END 来表示 SQL 代码的开始和结束。

接下来通过一个案例演示一下存储过程的创建,首先在数据库 chapter06 中创建表 student,创建 student 表的 SQL 语句如下所示:

```sql
USE chapter06;
CREATE TABLE student(
    id INT(3) PRIMARY KEY AUTO_INCREMENT,
    name VARCHAR(20) NOT NULL,
    grade FLOAT,
    gender CHAR(2)
);
```

执行上述 SQL 语句创建 student 表，然后使用 INSERT 语句向 student 表中插入 4 条记录，INSERT 语句如下所示：

```sql
INSERT INTO student(name,grade,gender)
VALUES('tom',60,'男'),
('jack',70,'男'),
('rose',90,'女'),
('lucy',100,'女');
```

【例 6-2】 创建一个查看 student 表的存储过程，其创建语句如下：

```sql
CREATE PROCEDURE Proc()
BEGIN
SELECT * FROM student;
END;
```

上述代码创建了一个存储过程 Proc，每次调用这个存储过程的时候都会执行 SELECT 语句查看表的内容，代码的执行过程如下：

```
mysql> DELIMITER //
mysql> CREATE PROCEDURE Proc ()
    -> BEGIN
    -> SELECT * FROM student;
    -> END //
Query OK, 0 rows affected (0.00 sec)
mysql> DELIMITER ;
```

在上述执行过程中，"DELIMITER //"语句的作用是将 MySQL 的结束符设置为//，因为 MySQL 默认的语句结束符号为分号";"，为了避免与存储过程中 SQL 语句结束符相冲突，需要使用 DELIMITER 改变存储过程的结束符，并以"END //"结束存储过程。存储过程定义完毕后再使用"DELIMITER ;"恢复默认结束符。DELIMITER 也可以指定其他符号作为结束符。需要格外注意的是，DELIMITER 与要设定的结束符之间一定要有一个空格，否则设定无效。

6.2.2 变量的使用

在编写存储过程时,有时会需要使用变量保存数据处理过程中的值。在 MySQL 中,变量可以在子程序中声明并使用,这些变量的作用范围是在 BEGIN…END 程序中,接下来将针对变量的定义和赋值进行详细的讲解。

想要在存储过程中使用变量,首先需要定义变量。在存储过程中使用 DECLARE 语句定义变量,具体语法格式如下:

```
DECLARE var_name[,varname]…date_type[DEFAULT value];
```

上述语法格式中,var_name 为局部变量的名称。DEFAULT value 子句给变量提供一个默认值。该值除了可以被声明为一个常数之外,还可以被指定为一个表达式。如果没有 DEFAULT 子句,变量的初始值为 NULL。

接下来定义一个名称为 myvariable 的变量,类型为 INT 类型,默认值为 100,示例代码如下:

```
DECLARE myvariable INT DEFAULT 100;
```

定义变量之后,为变量赋值可以改变变量的默认值,MySQL 中使用 SET 语句为变量赋值,语法格式如下:

```
SET var_name =expr[,var_name =expr]…;
```

在存储过程中的 SET 语句是一般 SET 语句的扩展版本。被参考变量可能是子程序内声明的变量,或者是全局服务器变量,如系统变量或者用户变量。

在存储程序中的 SET 语句作为预先存在的 SET 语法的一部分来实现。这允许 SET a=x,b=y,…这样的扩展语法。其中不同的变量类型(局域声明变量及全局变量)可以被混合起来。这也允许把局部变量和一些只对系统变量有意义的选项合并起来。

接下来声明三个变量,分别为 var1、var2、var3,数据类型为 INT,使用 SET 为变量赋值,示例代码如下:

```
DECLARE var1,var2,var3 INT;
SET var1=10,var2=20;
SET var3=var1+var2;
```

除了可以使用 SET 语句为变量赋值外,MySQL 中还可以通过 SELECT…INTO 为一个或多个变量赋值,该语句可以把选定的列直接存储到对应位置的变量。使用 SELECT…INTO 的具体语法格式如下:

```
SELECT col_name[…] INTO var_name[…] table_expr;
```

在上述语法格式中,col_name 表示字段名称;var_name 表示定义的变量名称;table_expr 表示查询条件表达式,包括表名称和 WHERE 子句。

【例 6-3】 声明变量 s_grade 和 s_gender,通过 SELECT…INTO 语句查询指定记录并为变量赋值,具体代码如下:

```
DECLARE s_grade FLOAT;
DECLARE s_gender CHAR(2);
SELECT grade, gender INTO s_grade, s_gender
FROM student WHERE name = 'rose';
```

上述语句将 student 表中 name 为 rose 的同学的成绩和性别分别存入到了变量 s_grade 和 s_gender 中。至此有关变量的使用的内容便讲解完了。

6.2.3 定义条件和处理程序

在实际开发中,经常需要对特定的条件进行处理,这些条件可以联系到错误以及子程序中的一般流程控制。定义条件是事先定义程序执行过程中遇到的问题,处理程序定义了在遇到这些问题时应当采取的处理方式,并且保证存储过程在遇到警告或错误时能继续执行。接下来将针对定义条件和处理程序进行详细的讲解。

1. 定义条件

在编写存储过程时,定义条件使用 DECLARE 语句,语法格式如下:

```
DECLARE condition_name CONDITION FOR [condition_type];
// condition_type 的两种形式:
[condition_type]:
SQLSTATE[VALUE] sqlstate_value|mysql_error_code
```

上述语法格式中,condition_name 表示所定义的条件的名称;condition_type 表示条件的类型;sqlstate_value 和 mysql_error_code 都可以表示 MySQL 的错误,sqlstate_value 是长度为 5 的字符串类型错误代码,mysql_error_code 为数值类型的错误代码。例如:ERROR1142(42000)中,sqlstate_value 的值是 42000,mysql_error_code 的值是 1142。

上述语法格式指定了需要特殊处理的条件。它将一个名字和指定的错误条件关联起来。这个名字可以随后被用在定义处理程序的 DECLARE HANDLER 语句中。

【例 6-4】 定义"ERROR1148(42000)"错误,名称为 command_not_allowed。可以用两种不同的方法来定义,具体代码如下:

```
//方法一:使用 sqlstate_value
DECLARE command_not_allowed CONDITION FOR SQLSTATE '42000';
//方法二:使用 mysql_error_code
DECLARE command_not_allowed CONDITION FOR 1148;
```

2. 定义处理程序

定义完条件后,还需要定义针对此条件的处理程序。MySQL 中用 DECLARE 语句定义处理程序,具体语法格式如下:

```
DECLARE handler_type HANDLER FOR condition_value[,…] sp_statement
handler_type:
    CONTINUE|EXIT|UNDO
condition_value:
    |condition_name
    |SQLWARNING
    |NOT FOUND
    |SQLEXCEPTION
    |mysql_error_code
```

上述语法格式中,handler_type 为错误处理方式,参数取三个值:CONTINUE、EXIT 和 UNDO。CONTINUE 表示遇到错误不处理,继续执行;EXIT 表示遇到错误马上退出;UNDO 表示遇到错误后撤回之前的操作,MySQL 中暂时不支持这样的操作。sp_statement 参数为程序语句段,表示在遇到定义的错误时,需要执行的存储过程;condition_value 表示错误类型,可以有以下取值。

(1) SQLSTATE[VALUE] sqlstate_value 包含 5 个字符的字符串错误值。

(2) condition_name 表示 DECLARE CONDITION 定义的错误条件名称。

(3) SQLWARNING 匹配所有以 01 开头的 SQLSTATE 错误代码。

(4) NOT FOUND 匹配所有以 02 开头的 SQLSTATE 错误代码。

(5) SQLEXCEPTION 匹配所有没有被 SQLWARNING 或 NOT FOUND 捕获的 SQLSTATE 错误代码。

(6) mysql_error_code 匹配数值类型错误代码。

【例 6-5】 定义处理程序的几种方式,具体代码如下:

```
//方法一: 捕获 sqlstate_value
DECLARE CONTINUE HANDLER FOR SQLSTATE '42S02'SET @info='NO_SUCH_TABLE';

//方法二: 捕获 mysql_error_code
DECLARE CONTINUE HANDLER FOR 1146 SET @info='NO_SUCH_TABLE';

//方法三: 先定义条件,然后调用
DECLARE no_such_table CONDITION FOR 1146;
DECLARE CONTINUE HANDLER FOR NO_SUCH_TABLE SET @info='ERROR';

//方法四: 使用 SQLWARNING
DECLARE EXIT HANDLER FOR SQLWARNING SET @info='ERROR';
```

```
//方法五：使用 NOT FOUND
DECLARE EXIT HANDLER FOR NOT FOUND SET @info='NO_SUCH_TABLE';

//方法六：使用 SQLEXCEPTION
DECLARE EXIT HANDLER FOR SQLEXCEPTION SET @info='ERROR';
```

上述代码中演示了6种定义处理程序的方法。接下来将分别进行分析讲解，具体如下。

第一种方法是捕获 sqlstate_value 值。如果遇到 sqlstate_value 值为"42S02"，则执行 CONTINUE 操作，并且输出"NO_SUCH_TABLE"信息。

第二种方法是捕获 mysql_error_code 值，如果遇到 mysql_error_code 值为1146，则执行 CONTINUE 操作，并且输出"NO_SUCH_TABLE"信息。

第三种方法是先定义条件，然后再调用条件。这里先定义 no_such_table 条件，遇到1146错误就执行 CONTINUE 操作。

第四种方法是使用 SQLWARNING，SQLWARNING 捕获所有以 01 开头的 sqlstate_value 值，然后执行 EXIT 操作，并且输出"ERROR"信息。

第五种方法是使用 NOT FOUND，NOT FOUND 捕获所有以 02 开头的 sqlstate_value 值，然后执行 EXIT 操作，并且输出"NO_SUCH_TABLE"信息。

第六种方法是使用 SQLEXCEPTION，SQLEXCEPTION 捕获所有没有被 SQLWARNING 或 NOT FOUND 捕获的 sqlstate_value 值，然后执行 EXIT 操作，并且输出"ERROR"信息。

【例6-6】 定义条件和处理程序，具体执行过程如下：

```
mysql> CREATE TABLE test.t(s1 int,primary key(s1));
Query OK, 0 rows affected (0.44 sec)

mysql> DELIMITER //
mysql> CREATE PROCEDURE demo()
    -> BEGIN
    -> DECLARE CONTINUE HANDLER FOR SQLSTATE '23000' SET @x2=1;
    -> SET @x=1;
    -> INSERT INTO test.t VALUES(1);
    -> SET @x=2;
    -> INSERT INTO test.t VALUES(1);
    -> SET @x=3;
    -> END; //
Query OK, 0 rows affected (0.09 sec)
mysql> DELIMITER ;

/*调用存储过程*/
mysql> CALL demo();
Query OK, 0 rows affected (0.08 sec)
```

```
mysql> SELECT @x ;
+------+
| @x   |
+------+
|  3   |
+------+
1 row in set (0.00 sec)
```

@x 是一个用户变量，执行@x 等于 3，这表明 MySQL 被执行到程序的末尾。如果没有"DECLARE CONTINUE HANDLER FOR SQLSTATE '23000' SET @x2＝1;"这句代码，第二个 INSERT 会因 PRIMARY KEY 强制而失败之后，MySQL 可能已经采取默认（EXIT）路径，并且 SELECT @x 会返回 2。

需要注意的是，"@var_name"表示用户变量，使用 SET 语句为其赋值，用户变量与连接有关，一个客户端定义的变量不能被其他客户端看到或使用。当客户端退出时，该客户连接的所有变量将自动释放。上述案例中存储过程的调用和查询会在后面章节中进行详细的讲解，这里读者只需了解即可。

6.2.4 光标的使用

在编写存储过程时，查询语句可能会返回多条记录，如果数据量非常大，则需要使用光标来逐条读取查询结果集中的记录。光标是一种用于轻松处理多行数据的机制。接下来将针对光标的声明、使用和关闭进行详细的讲解。

1. 光标的声明

想要使用光标处理结果集中的数据，需要先声明光标。光标必须声明在声明变量、条件之后，声明处理程序之前。MySQL 中使用 DECLARE 关键字来声明光标，声明光标的具体语法格式如下：

```
DECLARE cursor_name CURSOR FOR select_statement
```

在上述语法格式中，cursor_name 表示光标的名称；select_statement 表示 SELECT 语句的内容，返回一个用于创建光标的结果集。

接下来声明一个名为 cursor_student 的光标，示例代码如下：

```
DECLARE cursor_student CURSOR FOR select s_name,s_gender FROM student;
```

通过上面的代码，已经成功声明了一个名为 cursor_student 的光标。

2. 光标的使用

声明完光标后就可以使用光标了，使用光标之前首先要打开光标。MySQL 中打开和使用光标的语法格式如下：

```
OPEN cursor_name
FETCH cursor_name INTO var_name[,var_name]…
```

在上述语法格式中，cursor_name 表示参数的名称；var_name 表示将光标中的 SELECT 语句查询出来的信息存入该参数中，需要注意的是，var_name 必须在声明光标之前就定义好。

使用名称为 cursor_student 的光标，将查询出来的信息存入 s_name 和 s_gender 中，示例代码如下：

```
FETCH cursor_student INTO s_name, s_gender;
```

3. 光标的关闭

使用完光标后要将光标关闭，关闭光标的语法格式如下：

```
CLOSE cursor_name
```

值得一提的是，如果没有明确地关闭光标，它会在其声明的复合语句的末尾被关闭。

6.2.5 流程控制的使用

通过前面的学习，已经了解了创建存储过程时所用到的基本知识，在编写存储过程时还有一个非常重要的部分——流程控制。流程控制语句用于将多个 SQL 语句划分或组合成符合业务逻辑的代码块。MySQL 中的流程控制语句包括：IF 语句、CASE 语句、LOOP 语句、WHILE 语句、LEAVE 语句、ITERATE 语句、REPEAT 语句和 WHILE 语句。

每个流程中可能包含一个单独语句，也可能是使用 BEGIN…END 构造的复合语句，可以嵌套。接下来将针对存储过程中的流程控制语句逐一详细地讲解。

1. IF 语句

IF 语句是指如果满足某种条件，就根据判断的结果为 TRUE 或 FALSE 执行相应的语句，其语法格式如下：

```
IF expr_condition THEN statement_list
    [ELSEIF expr_condition THEN statement_list]
    [ELSE statement_list]
END IF
```

IF 实现了一个基本的条件构造。在上述语法结构中，expr_condition 表示判断条件，statement_list 表示 SQL 语句列表，它可以包括一个或多个语句。如果 expr_condition

求值为 TRUE,相应的 SQL 语句列表就会被执行;如果没有 expr_condition 匹配,则 ELSE 子句里的语句列表被执行。

需要注意的是,MySQL 中还有一个 IF()函数,它不同于这里描述的 IF 语句。

接下来演示一下 IF 语句的用法,示例代码如下:

```
IF val IS NULL
    THEN SELECT 'val is NULL';
    ELSE SELECT 'val is not NULL';
END IF;
```

上述代码中,判断 val 值是否为空,如果 val 值为空,输出字符串"val is NULL";否则输出字符串"val is not NULL"。需要注意的是,IF 语句都需要使用 END IF 来结束,不可省略。

2. CASE 语句

CASE 是另一个进行条件判断的语句,该语句有两种语句格式,第一种格式如下:

```
CASE case_expr
    WHEN when_value THEN statement_list
    [WHEN when_value THEN statement_list]…
    [ELSE statement_list]
END CASE
```

在上述语法格式中,case_expr 表示条件判断的表达式,决定了哪一个 WHEN 子句会被执行;when_value 表示表达式可能的值,如果某个 when_value 表达式与 case_expr 表达式结果相同,则执行对应 THEN 关键字后的 statement_list 中的语句,statement_list 表示不同 when_value 值的执行语句。

【例 6-7】 使用 CASE 流程控制语句的第一种格式,判断 val 值等于 1、等于 2,或者两者都不等,语句如下:

```
CASE val
    WHEN 1 THEN SELECT 'val is 1';
    WHEN 2 THEN SELECT 'val is 2';
    ELSE SELECT 'val is not 1 or 2';
END CASE;
```

在上述代码中,当 val 值为 1 时,输出字符串"val is 1";当 val 值为 2 时,输出字符串"val is 2";否则输出字符串"val is not 1 or 2"。

CASE 语句的第二种格式如下:

```
CASE
    WHEN expr_condition THEN statement_list
```

```
    [WHEN expr_condition THEN statement_list]
    [ELSE statement_list]
END CASE;
```

需要注意的是,这里讲解的用在存储过程里的 CASE 语句与"控制流程函数"里描述的 SQL CASE 表达式中的 CASE 语句有些不同。存储过程里的 CASE 语句不能有 ELSE NULL 子句,并且用 END CASE 替代 END 来终止。

3. LOOP 语句

LOOP 循环语句用来重复执行某些语句,与 IF 和 CASE 语句相比,LOOP 只是创建一个循环操作的过程,并不进行条件判断。LOOP 内的语句一直重复执行直到跳出循环语句。LOOP 语句的基本格式如下:

```
[loop_label:]LOOP
    statement_list
END LOOP [loop_label]
```

上述语法格式中,loop_label 表示 LOOP 语句的标注名称,该参数可以省略;statement_list 表示需要循环执行的语句。

【例 6-8】 使用 LOOP 语句进行循环操作,具体代码如下:

```
DECLARE id INT DEFAULT 0;
add_loop:LOOP
SET id=id+1;
    IF id>=10 THEN LEAVE add_loop;
    END IF;
END LOOP add_loop;
```

例中,循环执行了 id 加 1 的操作。当 id 值小于 10 时,循环重复执行;当 id 值大于或者等于 10 时,使用 LEAVE 语句退出循环。关于 LEAVE 语句将在下面进行详细的讲解。

4. LEAVE 语句

通过学习 LOOP 语句的使用可以知道,当不满足循环条件时,需要使用 LEAVE 语句退出循环。LEAVE 语句用于退出任何被标注的流程控制构造,其基本语法格式如下:

```
LEAVE label
```

在上述语法结构中,label 表示循环的标志。通常情况下,LEAVE 语句与 BEGIN…END、循环语句一起使用。

5. ITERATE 语句

ITERATE 的意思是再次循环，ITERATE 语句用于将执行顺序转到语句段的开头处。使用 ITERATE 语句的基本语法格式如下：

```
ITERATE lable
```

在上述语法结构中，lable 表示循环的标志。需要注意的是，ITERATE 语句只可以出现在 LOOP、REPEAT 和 WHILE 语句内。

【例 6-9】 演示了 ITERATE 语句在 LOOP 语句内的使用，具体代码如下：

```
CREATE PROCEDURE doiterate()
BEGIN
DECLARE p1 INT DEFAULT 0;
my_loop:LOOP
    SET p1=p1+1;
    IF p1<10 THEN ITERATE my_loop;
    ELSEIF p1>20 THEN LEAVE my_loop;
    END IF;
    SELECT 'p1 is between 10 and 20';
END LOOP my_loop;
END
```

上述代码中，p1 的初始值为 0，如果 p1 的值小于 10 时，重复执行 p1 加 1 的操作；当 p1 大于或等于 10 并且小于 20 时，打印消息"p1 is between 10 and 20"；当 p1 大于 20 时，退出循环。

6. REPEAT 语句

REPEAT 语句用于创建一个带有条件判断的循环过程，每次语句执行完毕之后，会对条件表达式进行判断，如果表达式为真，则循环结束；否则重复执行循环中的语句。REPEAT 语句的基本语法格式如下：

```
[repeat_lable:] REPEAT
    statement_list
UNTIL expr_condition
END REPEAT[repeat_lable]
```

上述语法格式中，repeat_lable 为 REPEAT 语句的标注名称，该参数是可选的；REPEAT 语句内的语句或语句群被重复，直至 expr_condition 为真。

【例 6-10】 演示使用 REPEAT 语句执行循环过程，具体代码如下：

```
DECLARE id INT DEFAULT 0;
REPEAT
SET id=id+1;
UNTIL id>=10;
END REPEAT;
```

7. WHILE 语句

WHILE 语句创建一个带条件判断的循环过程，与 REPEAT 不同的是，WHILE 在语句执行时，先对指定的表达式进行判断，如果为真，则执行循环内的语句，否则退出循环。WHILE 语句的基本格式如下：

```
[while_lable:] WHILE expr_condition DO
    Statement_list
END WHILE [while_lable]
```

在上述语法格式中，while_lable 为 WHILE 语句的标注名称；expr_condition 为进行判断的表达式，如果表达式结果为真，WHILE 语句内的语句或语句群被执行，直至 expr_condition 为假，退出循环。

【例 6-11】 演示使用 WHILE 语句进行循环操作，具体代码如下：

```
DECLARE i INT DEFAULT 0;
WHILE i<10 DO
SET i=i+1;
END WHILE;
```

6.3 存储过程的使用

通过 6.2 节的学习，读者已经能够定义一个完整的存储过程了。使用存储过程可以使程序执行效率更高、安全性更好，增强程序的可重用性和维护性。接下来将针对存储过程的使用进行详细的讲解。

6.3.1 调用存储过程

存储过程有多种调用方法。存储过程必须使用 CALL 语句调用，并且存储过程和数据库相关，如果要执行其他数据库中的存储过程，需要指定数据库名称。调用存储过程的语法格式如下：

```
CALL sp_name([parameter[,…]])
```

上述语法格式中，sp_name 为存储过程的名称，parameter 为存储过程的参数。

【例 6-12】 定义一个名为 CountProc1 的存储过程,然后调用这个存储过程,具体操作如下:

1. 定义存储过程

```
mysql> DELIMITER //
mysql> CREATE PROCEDURE CountProc1(IN s_gender VARCHAR(50),OUT num INT)
    -> BEGIN
    -> SELECT COUNT(*) INTO num FROM student WHERE gender=s_gender;
    -> END//
Query OK, 0 rows affected (0.13 sec)

mysql> DELIMITER ;
```

2. 调用存储过程

```
mysql> CALL CountProc1("女",@num);
Query OK, 1 row affected (0.17 sec)
```

3. 查看返回结果

```
mysql> SELECT @num;
+------+
| @num |
+------+
|   2  |
+------+
1 row in set (0.00 sec)
```

6.3.2 查看存储过程

MySQL 存储了存储过程的状态信息,用户可以使用 SHOW STATUS 语句或 SHOW CREATE 语句来查看,也可以直接从系统的 information_schema 数据库中查询。接下来将针对这三种方法进行详细的讲解。

1. SHOW STATUS 语句查看存储过程的状态

SHOW STATUS 语句可以查看存储过程的状态,其基本语法结构如下:

```
SHOW {PROCEDURE|FUNCTION} STATUS [LIKE 'pattern']
```

这个语句是一个 MySQL 的扩展。它返回子程序的特征,如数据库、名字、类型、创建者及创建、修改日期。如果没有指定样式，根据使用的语句，所有存储程序或存储函数的信息都被列出。上述语法格式中，PROCEDURE 和 FUNCTION 分别表示查看存储过程和函数，LIKE 语句表示匹配的名称。

【例 6-13】 SHOW STATUS 语句的示例代码如下：

```
SHOW PROCEDURE STATUS LIKE'C%'\G
```

代码执行如下：

```
mysql> SHOW PROCEDURE STATUS LIKE'C%'\G
*************************** 1. row ***************************
                  Db: chapter06
                Name: CountProc1
                Type: PROCEDURE
             Definer: @
            Modified: 2014-09-27 14:08:32
             Created: 2014-09-27 14:08:32
       Security_type: DEFINER
             Comment:
character_set_client: utf8
collation_connection: utf8_general_ci
  Database Collation: utf8_general_ci
1 row in set (0.05 sec)
```

上述代码中"SHOW PROCEDURE STATUS LIKE'C%'\G"语句获取数据库中所有名称以 C 开头的存储过程的信息。通过上面的语句可以看到，这个存储过程所在的数据库为 chapter06，存储过程的名称为 CountProc1 等相关信息。

2. SHOW CREATE 语句查看存储过程的状态

除了 SHOW STATUS 语句外，MySQL 还可以使用 SHOW CREATE 语句查看存储过程的状态，基本语法格式如下：

```
SHOW CREATE{PROCEDURE|FUNCTION} sp_name
```

这个语句也是一个 MySQL 的扩展。类似于 SHOW CREATE TABLE，它返回一个可用来重新创建已命名子程序的确切字符串。

【例 6-14】 SHOW CREATE 语句的示例代码如下：

```
SHOW CREATE PROCEDURE chapter06.CountProc1\G
```

代码执行如下：

```
mysql> SHOW CREATE PROCEDURE chapter06.CountProc1\G
*************************** 1. row ***************************
           Procedure: CountProc1
            sql_mode: STRICT_TRANS_TABLES,NO_AUTO_CREATE_USER,NO_ENGINE_
                     SUBSTITUTION
    Create Procedure: CREATE DEFINER="@" PROCEDURE 'CountProc1'(IN s_gender VA
RCHAR(50),OUT num INT)
BEGIN
SELECT COUNT(*) INTO num FROM student WHERE gender =s_gender;
END
character_set_client: utf8
collation_connection: utf8_general_ci
  Database Collation: utf8_general_ci
1 row in set (0.00 sec)
```

3. 从 information_schema. Routines 表中查看存储过程的信息

在 MySQL 中存储过程和函数的信息存储在 information_schema 数据库下的 Routines 表中。可以通过查询该表的记录来查询存储过程的信息，查询语句如下：

```
SELECT * FROM information_schema.Routines
WHERE ROUTINE_NAME='CountProc1' AND ROUTINE_TYPE='PROCEDURE'\G
```

SQL 语句执行结果如下：

```
mysql> SELECT * FROM information_schema.Routines
    -> WHERE ROUTINE_NAME='CountProc1' AND ROUTINE_TYPE='PROCEDURE'\G
*************************** 1. row ***************************
           SPECIFIC_NAME: CountProc1
         ROUTINE_CATALOG: def
          ROUTINE_SCHEMA: chapter06
            ROUTINE_NAME: CountProc1
            ROUTINE_TYPE: PROCEDURE
               DATA_TYPE:
CHARACTER_MAXIMUM_LENGTH: NULL
  CHARACTER_OCTET_LENGTH: NULL
       NUMERIC_PRECISION: NULL
           NUMERIC_SCALE: NULL
      DATETIME_PRECISION: NULL
      CHARACTER_SET_NAME: NULL
          COLLATION_NAME: NULL
          DTD_IDENTIFIER: NULL
```

```
            ROUTINE_BODY: SQL
      ROUTINE_DEFINITION: BEGIN
SELECT COUNT(*) INTO num FROM student WHERE gender=s_gender;
END
           EXTERNAL_NAME: NULL
       EXTERNAL_LANGUAGE: NULL
          PARAMETER_STYLE: SQL
         IS_DETERMINISTIC: NO
         SQL_DATA_ACCESS: CONTAINS SQL
                SQL_PATH: NULL
           SECURITY_TYPE: DEFINER
                 CREATED: 2014-09-27 14:08:32
            LAST_ALTERED: 2014-09-27 14:08:32
                SQL_MODE: STRICT_TRANS_TABLES,NO_AUTO_CREATE_USER,NO_ENGINE_SUBS
TITUTION
         ROUTINE_COMMENT:
                 DEFINER: @
    CHARACTER_SET_CLIENT: utf8
    COLLATION_CONNECTION: utf8_general_ci
      DATABASE_COLLATION: utf8_general_ci
1 row in set (0.05 sec)
```

需要注意的是，在 information_schema 数据库下的 Routines 表中，存储所有存储过程的定义。使用 SELECT 语句查询 Routine 表中的存储过程的定义时，一定要使用 ROUTINE_NAME 字段指定存储过程的名称，否则将查询出所有存储过程的定义。如果有存储过程和函数名称相同，则需要同时指定 ROUTINE_TYPE 字段表明查询的是哪种类型的存储程序。

6.3.3 修改存储过程

在实际开发中，业务需求更改的情况时有发生，这样就不可避免地需要修改存储过程的特性。在 MySQL 中可以使用 ALTER 语句修改存储过程的特性，其基本语法格式如下：

```
ALTER {PROCEDURE|FUNCTION} sp_name[characteristic…]
```

上述语法格式中，sp_name 表示存储过程或函数的名称；characteristic 表示要修改存储过程的哪个部分，characteristic 的取值具体如下。

（1）CONTAINS SQL 表示子程序包含 SQL 语句，但不包含读或写数据的语句；

（2）NO SQL 表示子程序中不包含 SQL 语句；

（3）READS SQL DATA 表示子程序中包含读数据的语句；

（4）MODIFIES SQL DATA 表示子程序中包含写数据的语句；

（5）SQL SECURITY{DEFINER|INVOKER} 指明谁有权限来执行；

（6）DEFINER 表示只有定义者自己才能够执行；

(7) INVOKER 表示调用者可以执行；

(8) COMMENT'string'表示注释信息。

【例 6-15】 修改存储过程 CountProc1 的定义。

将读写权限改为 MODIFIES SQL DATA，并指明调用者可以执行，代码如下：

```
ALTER PROCEDURE CountProc1
MODIFIES SQL DATA
SQL SECURITY INVOKER;
```

执行代码，并查看修改后的信息。结果显示如下：

```
mysql> ALTER PROCEDURE CountProc1
    -> MODIFIES SQL DATA
    -> SQL SECURITY INVOKER;
Query OK, 0 rows affected (0.00 sec)
mysql> SELECT SPECIFIC_NAME,SQL_DATA_ACCESS,SECURITY_TYPE
    -> FROM information_schema.Routines
    -> WHERE ROUTINE_NAME='CountProc1' AND ROUTINE_TYPE='PROCEDURE';
+---------------+-------------------+---------------+
| SPECIFIC_NAME | SQL_DATA_ACCESS   | SECURITY_TYPE |
+---------------+-------------------+---------------+
| CountProc1    | MODIFIES SQL DATA | INVOKER       |
+---------------+-------------------+---------------+
1 row in set (0.02 sec)
```

目前，MySQL 还不提供对已存在的存储过程代码的修改，如果一定要修改存储过程代码，必须先将存储过程删除之后，再重新编写代码，或创建一个新的存储过程。

6.3.4 删除存储过程

当数据库中存在废弃的存储过程时，需要删除。MySQL 中可以使用 DROP 语句删除存储过程，其基本语法格式如下：

```
DROP{ PROCEDURE|FUNCTION }[IF EXISTS] sp_name
```

上述语法格式中，sp_name 为要移除的存储过程的名称。IF EXISTS 表示如果程序不存在，它可以避免发生错误，产生一个警告。该警告可以使用 SHOW WARNINGS 进行查询。

【例 6-16】 删除存储过程 CountProc1，代码如下：

```
DROP PROCEDURE CountProc1;
```

语句的执行结果如下：

```
mysql> DROP PROCEDURE CountProc1;
Query OK, 0 rows affected (0.03 sec)
```

6.4 综合案例——存储过程应用

通过前面的学习,读者应该已经掌握了如何创建和使用存储过程。本节将通过一个应用案例让读者熟悉在实际开发中,创建并使用存储过程的完整过程。

1. 创建一个 stu 表

表结构如表 6-1 所示。

表 6-1 stu 表结构

字段名	数据类型	主键	外键	非空	唯一	自增
id	INT(10)	是	否	是	是	否
name	VARCHAR(50)	否	否	是	否	否
class	VARCHAR(50)	否	否	是	否	否

表数据如表 6-2 所示。

表 6-2 stu 表数据

id	name	class
1	Lucy	class1
2	Tom	class1
3	Rose	class2

在数据库 chapter06 中创建表 stu,并向表中添加数据,SQL 语句具体如下:

```
CREATE TABLE stu(id INT,name VARCHAR(50),class VARCHAR(50));
INSERT INTO stu VALUE (1,'Lucy','class1'),(2,'Tom','class1'),(3,'Rose','class2');
```

通过 DESC 命令查看表 stu 结构,执行结果如下:

```
mysql> DESC stu;
+-------+-------------+------+-----+---------+-------+
| Field | Type        | Null | Key | Default | Extra |
+-------+-------------+------+-----+---------+-------+
| id    | int(11)     | YES  |     | NULL    |       |
| name  | varchar(50) | YES  |     | NULL    |       |
| class | varchar(50) | YES  |     | NULL    |       |
+-------+-------------+------+-----+---------+-------+
3 rows in set (0.05 sec)
```

通过 SELECT * FROM stu 来查看表数据,执行结果如下:

```
mysql> SELECT * FROM stu;
+------+------+-------+
| id   | name | class |
```

```
+------+------+--------+
|  1   | Lucy | class1 |
|  2   | Tom  | class1 |
|  3   | Rose | class2 |
+------+------+--------+
3 rows in set (0.00 sec)
```

2. 创建一个存储过程

创建一个存储过程 addcount 能够获取表 stu 中的记录数和 id 的和,代码格式如下:

```
CREATE PROCEDURE addcount(out count INT)
BEGIN
DECLARE itmp INT;
DECLARE cur_id CURSOR FOR SELECT id FROM stu;
DECLARE EXIT HANDLER FOR NOT FOUND CLOSE cur_id;
SELECT count(*) INTO count FROM stu;
SET @sum=0;
OPEN cur_id;
REPEAT
FETCH cur_id INTO itmp;
IF itmp<10
THEN SET @sum=@sum+itmp;
END IF;
UNTIL 0 END REPEAT;
CLOSE cur_id;
END;
```

上面的创建存储过程的代码中使用到了变量的声明、光标、流程控制等知识点。SQL 语句的执行情况如下:

```
mysql> DELIMITER //
mysql> CREATE PROCEDURE addcount(out count INT)
    -> BEGIN
    -> DECLARE itmp INT;
    -> DECLARE cur_id CURSOR FOR SELECT id FROM stu;
    -> DECLARE EXIT HANDLER FOR NOT FOUND CLOSE cur_id;
    -> SELECT count(*) INTO count FROM stu;
    -> SET @sum=0;
    -> OPEN cur_id;
    -> REPEAT
    -> FETCH cur_id INTO itmp;
    -> IF itmp<10
    -> THEN SET @sum=@sum+itmp;
    -> END IF;
```

```
        -> UNTIL 0 END REPEAT;
        -> CLOSE cur_id;
        -> END //
Query OK, 0 rows affected (0.00 sec)

mysql> CALL addcount(@count) //
Query OK, 0 rows affected (0.00 sec)

mysql> SELECT @count,@sum //
+--------+------+
| @count | @sum |
+--------+------+
|   3    |  6   |
+--------+------+
1 row in set (0.00 sec)

mysql> DELIMITER ;
```

从调用存储过程的结果可以看出，stu 表中共有三条数据，id 之和为 6。这个存储过程创建了一个 cur_id 的光标，使用这个光标来获取每条记录的 id，使用 REPEAT 循环语句来实现所有 id 号相加。

本案例演示了一个完整的存储过程，从设计表结构、创建表、创建存储过程到调用存储过程达到预想的查询结果。编写存储过程并不是件简单的事情，根据不同的业务需求可能会需要非常复杂的 SQL 语句，并且要有创建存储过程的权限。但是使用存储过程可以在实际开发中简化操作，减少冗余的操作步骤，同时还可以减少过程中的失误，提高效率，因此存储过程是非常有用的，应该学会使用，并熟练运用。

小 结

本章主要讲解了事务管理、存储过程的创建和存储过程的使用。通过本章的学习，初学者可以掌握如何处理事务，以及如何使用存储过程。在实际开发中事务管理非常重要，而存储过程可以简化操作，提高效率，所以初学者应该多加练习，熟练掌握事务的处理和存储过程的编写。

测 一 测

1. 请使用流程控制语句，编写 SQL 语句，要求如下：
（1）实现 1-10 之间数字的遍历。
（2）当数字大于 10 退出遍历过程。
（3）数字在 1-10 之间时，遍历数字并输出。
2. 简述 MySQL 的事务的隔离级别有哪些。
扫描右方二维码，查看思考题答案。

第 7 章

视 图

学习目标
- 了解视图的概念，能够简述视图的优点
- 掌握视图的创建方式，学会在单表和多表上创建视图
- 掌握视图的查看、修改、更新以及删除

在前面章节的学习中，操作的数据表都是一些真实存在的表，其实，数据库还有一种虚拟表，它同真实表一样，都包含一系列带有名称和列的数据，这种表被称为视图。本章将针对数据库中视图的基本操作进行详细的讲解。

7.1 视图概述

视图是从一个或多个表中导出来的表，它是一种虚拟存在的表，并且表的结构和数据都依赖于基本表。通过视图不仅可以看到存放在基本表中的数据，并且还可以像操作基本表一样，对视图中存放的数据进行查询、修改和删除。与直接操作基本表相比，视图具有以下优点。

1. 简化查询语句

视图不仅可以简化用户对数据的理解，也可以简化对数据的操作。日常开发中可以将经常使用的查询定义为视图，从而使用户避免大量重复的操作。

2. 安全性

通过视图用户只能查询和修改他们所能见到的数据，数据库中的其他数据则既看不到也取不到。数据库授权命令可以使每个用户对数据库的检索限制到特定的数据库对象上，但不能授权到数据库特定行和特定的列上。

3. 逻辑数据独立性

视图可以帮助用户屏蔽真实表结构变化带来的影响。

综上所述，在操作数据库时，由于视图是在基本表上建立的表，它的结构和数据都来

自于基本表,因此,诸如更新数据等操作,都可以在视图上进行。

7.2 视图管理

通过 7.1 节的讲解知道,视图具有简化查询语句、安全性和保证逻辑数据独立性等作用,掌握如何管理视图是非常重要的。接下来,本节将针对视图的创建、查看、修改、更新以及删除进行详细的讲解。

7.2.1 创建视图的语法格式

视图中包含 SELECT 查询的结果,因此视图的创建基于 SELECT 语句和已经存在的数据表。视图可以建立在一张表上,也可以建立在多张表上。在 MySQL 中,创建视图需要使用 CREATE VIEW 语句,其基本语法格式如下所示:

```
CREATE [OR REPLACE] [ALGORITHM ={UNDEFINED | MERGE | TEMPTABLE}]
VIEW view_name [(column_list)]
AS SELECT_statement
[WITH [CASCADED | LOCAL] CHECK OPTION]
```

在上述语法格式中,创建视图的语句是由多条子句构成的。为了帮助读者更好地理解,下面对语法格式中的每个部分进行详细的解释,具体如下。

(1) CREATE:表示创建视图的关键字,上述语句能创建新的视图。

(2) OR REPLACE:如果给定了此子句,表示该语句能够替换已有视图。

(3) ALGORITHM:可选,表示视图选择的算法。

(4) UNDEFINED:表示 MySQL 将自动选择所要使用的算法。

(5) MERGE:表示将使用视图的语句与视图定义合并起来,使得视图定义的某一部分取代语句的对应部分。

(6) TEMPTABLE:表示将视图的结果存入临时表,然后使用临时表执行语句。

(7) view_name:表示要创建的视图名称。

(8) column_list:可选,表示属性清单。指定了视图中各个属性的名,默认情况下,与 SELECT 语句中查询的属性相同。

(9) AS:表示指定视图要执行的操作。

(10) SELECT_statement:是一个完整的查询语句,表示从某个表或视图中查出某些满足条件的记录,将这些记录导入视图中。

(11) WITH CHECK OPTION:可选,表示创建视图时要保证在该视图的权限范围之内。

(12) CASCADED:可选,表示创建视图时,需要满足跟该视图有关的所有相关视图和表的条件,该参数为默认值。

(13) LOCAL:可选,表示创建视图时,只要满足该视图本身定义的条件即可。

创建视图时要求具有针对视图的 CREATE VIEW 权限,以及针对由 SELECT 语句选择的每一列上的某些权限。对于在 SELECT 语句中其他地方使用的列,必须具有 SELECT 权限。如果还有 OR REPLACE 子句,必须在视图上具有 DROP 权限。

需要注意的是,视图属于数据库,在默认情况下,将在当前数据库创建新视图,要想在给定数据库中明确创建视图,创建时应将名称指定为 db_name.view_name。

7.2.2 在单表上创建视图

7.2.1 节讲解了创建视图的语法格式,本节将通过具体的案例来讲解如何在单表上创建视图。

【例 7-1】 在 student 表上创建 view_stu 视图。

在创建视图之前需要先创建一个数据库 chapter07,创建数据库的 SQL 语句如下所示:

```
CREATE DATABASE chapter07;
```

选择使用数据库 chapter07,SQL 语句如下:

```
USE chapter07;
```

在数据库中创建一个表 student 用于存储学生信息,创建 student 表的 SQL 语句如下所示:

```
CREATE TABLE student(
    s_id INT(3),
    name VARCHAR(20),
    math FLOAT,
    chinese FLOAT
);
```

使用 INSERT 语句向 student 表中插入数据,SQL 语句如下所示:

```
INSERT INTO student(s_id,name,math,chinese) VALUES (1,'Tom',80,78);
INSERT INTO student(s_id,name,math,chinese) VALUES (2,'Jack',70,80);
INSERT INTO student(s_id,name,math,chinese) VALUES (3,'Lucy',97,95);
```

在上述 SQL 语句执行成功后,会在 student 表中添加三条数据。为了验证数据是否添加成功,使用 SELECT 语句查看 student 表中的数据,查询结果如下所示:

```
mysql> SELECT * FROM student;
+------+------+------+---------+
| s_id | name | math | chinese |
```

```
+------+-------+------+---------+
|   1  | Tom   |  80  |   78    |
|   2  | Jack  |  70  |   80    |
|   3  | Lucy  |  97  |   95    |
+------+-------+------+---------+
3 rows in set (0.00 sec)
```

从查询结果可以看出，student 表中成功地添加了三条记录。接下来创建 student 表的视图，创建语句如下所示：

```
CREATE VIEW view_stu AS SELECT math,chinese,math+chinese FROM student;
```

上述 SQL 语句执行成功后，会生成一个 view_stu 视图，接下来使用 SELECT 语句查看 view_stu 视图，查询结果如下所示：

```
mysql> SELECT * FROM view_stu;
+------+---------+--------------+
| math | chinese | math+chinese |
+------+---------+--------------+
|  80  |   78    |     158      |
|  70  |   80    |     150      |
|  97  |   95    |     192      |
+------+---------+--------------+
3 rows in set (0.00 sec)
```

从查询结果可以看出，view_stu 视图创建成功，并且重新定义了一个用于计算数学成绩和语文成绩之和的 math+chinese 字段。在默认情况下，创建的视图字段名称和基本表的字段名称是一样的，但是也可以根据实际的需要指定视图字段的名称。

【例 7-2】 在 student 表上创建一个名为 view_stu2 的视图，自定义字段名称，SQL 语句如下所示：

```
CREATE VIEW view_stu2(math,chin,sum) AS SELECT math,chinese,math+chinese
FROM student;
```

上述 SQL 语句执行成功后，会生成一个名为 view_stu2 的视图，接下来使用 SELECT 语句查看 view_stu2 视图，查询结果如下所示：

```
mysql> SELECT * FROM view_stu2;
+------+------+------+
| math | chin | sum  |
+------+------+------+
|  80  |  78  | 158  |
```

```
| 70    | 80    | 150  |
| 97    | 95    | 192  |
+-------+-------+------+
3 rows in set (0.00 sec)
```

从查询结果可以看出,虽然 view_stu 和 view_stu2 两个视图中的字段名称不同,但是数据却是相同的。这是因为这两个视图引用的是同一个表中的数据,并且创建视图的"AS SELECT math,chinese,math+chinese"条件语句相同。在实际开发中,用户可以根据自己的需要通过使用视图的方式获取基本表中自己需要的数据,这样既能满足用户的需求,也不需要破坏基本表原来的结构,从而保证了基本表中数据的安全性。

7.2.3 在多表上创建视图

在 MySQL 中除了可以在单表上创建视图,还可以在两个或者两个以上的基本表上创建视图。本节将通过具体的案例来讲解如何在多表上创建视图。

【例 7-3】 在 student 表和 stu_info 表上创建 stu_class 视图,查询出 s_id 号、姓名和班级,具体步骤如下。

(1) 首先创建 stu_info 表,创建 stu_info 表的 SQL 语句如下所示:

```
mysql> CREATE TABLE stu_info(
    -> s_id INT(3),
    -> class VARCHAR(50),
    -> addr VARCHAR(100)
    -> );
```

使用 INSERT 语句向 stu_info 表中插入数据,SQL 语句如下所示:

```
INSERT INTO stu_info(s_id,class,addr) VALUES (1,'erban','anhui');
INSERT INTO stu_info(s_id,class,addr) VALUES (2,'sanban','chongqing');
INSERT INTO stu_info(s_id,class,addr) VALUES (3,'yiban','shandong');
```

在上述 SQL 语句执行成功后,会在 stu_info 表中添加三条数据。为了验证数据是否添加成功,使用 SELECT 语句查询 stu_info 表,查询结果如下所示:

```
mysql> SELECT * FROM stu_info;
+------+--------+-----------+
| s_id | class  | addr      |
+------+--------+-----------+
|    1 | erban  | anhui     |
|    2 | sanban | chongqing |
|    3 | yiban  | shandong  |
+------+--------+-----------+
3 rows in set (0.00 sec)
```

从查询结果可以看出,stu_info 表中成功地添加了三条记录。

(2) 创建 stu_class 视图,SQL 语句如下所示:

```
CREATE VIEW stu_class(id,name,glass)
AS
SELECT student.s_id,student.name,stu_info.class
FROM student,stu_info
WHERE student.s_id=stu_info.s_id;
```

上述 SQL 语句执行成功后,会生成一个名为 stu_class 的视图,接下来使用 SELECT 语句查看 view_stu2 视图,查询结果如下所示:

```
mysql> SELECT * FROM stu_class;
+----+------+--------+
| id | name | class  |
+----+------+--------+
|  1 | Tom  | erban  |
|  2 | Jack | sanban |
|  3 | Lucy | yiban  |
+----+------+--------+
3 rows in set (0.06 sec)
```

从执行结果可以看出,创建的视图中包含 id、name 和 class 字段,其中,id 字段对应 student 表中的 s_id 字段,name 对应 student 表中的 name 字段,class 字段对应 sut_info 表中的 class 字段。

7.2.4 查看视图

查看视图,是指查看数据库中已经存在的视图的定义。查看视图必须要有 SHOW VIEW 的权限。查看视图的方式有三种,具体如下。

1. 使用 DESCRIBE 语句查看视图

在 MySQL 中,使用 DESCRIBE 语句可以查看视图的字段信息,其中包括字段名、字段类型等信息。DESCRIBE 语句的基本语法格式如下所示:

```
DESCRIBE 视图名;
```

或简写为:

```
DESC 视图名;
```

【例 7-4】 使用 DESCRIBE 语句查看 stu_class 视图,SQL 语句如下所示:

```
DESCRIBE stu_class;
```

上述 SQL 语句的执行结果如下所示：

```
mysql> DESCRIBE stu_class;
+-------+-------------+------+-----+---------+-------+
| Field | Type        | Null | Key | Default | Extra |
+-------+-------------+------+-----+---------+-------+
| id    | int(3)      | YES  |     | NULL    |       |
| name  | varchar(20) | YES  |     | NULL    |       |
| glass | varchar(50) | YES  |     | NULL    |       |
+-------+-------------+------+-----+---------+-------+
3 rows in set (0.02 sec)
```

上述执行结果显示出了 stu_class 视图的字段信息，接下来，针对执行结果中的不同字段进行详细讲解，具体如下。
（1）NULL：表示该列是否可以存储 NULL 值。
（2）Key：表示该列是否已经编制索引。
（3）Default：表示该列是否有默认值。
（4）Extra：表示获取到的与给定列相关的附加信息。

2. 使用 SHOW TABLE STATUS 语句查看视图

在 MySQL 中，使用 SHOW TABLE STATUS 语句可以查看视图的基本信息。SHOW TABLE STATUS 语句的基本语法格式如下所示：

```
SHOW TABLE STATUS LIKE '视图名'
```

在上述格式中，"LIKE"表示后面匹配的是字符串，"视图名"表示要查看的视图的名称，视图名称需要使用单引号括起来。

【例 7-5】 使用 SHOW TABLE STATUS 语句查看 stu_class 视图，SQL 语句如下所示：

```
SHOW TABLE STATUS LIKE 'stu_class'\G
```

上述 SQL 语句的执行结果如下所示：

```
mysql> SHOW TABLE STATUS LIKE 'stu_class'\G
*************************** 1. row ***************************
           Name: stu_class
         Engine: NULL
        Version: NULL
     Row_format: NULL
           Rows: NULL
```

```
        Avg_row_length: NULL
           Data_length: NULL
       Max_data_length: NULL
          Index_length: NULL
             Data_free: NULL
        Auto_increment: NULL
           Create_time: NULL
           Update_time: NULL
            Check_time: NULL
             Collation: NULL
              Checksum: NULL
         Create_options: NULL
               Comment: VIEW
1 row in set (0.00 sec)
```

上述执行结果显示了 stu_class 视图的基本信息，从表中可以看出，表的说明（Comment）项的值为 VIEW，说明所查的 stu_class 是一个视图，存储引擎、数据长度等信息都显示为 NULL，说明视图是虚拟表。接下来，同样使用 SHOW TABLE STATUS 语句查看 student 表的信息，执行结果如下所示：

```
mysql> SHOW TABLE STATUS LIKE 'student'\G
*************************** 1. row ***************************
                  Name: student
                Engine: InnoDB
               Version: 10
            Row_format: Compact
                  Rows: 3
        Avg_row_length: 5461
           Data_length: 16384
       Max_data_length: 0
          Index_length: 0
             Data_free: 9437184
        Auto_increment: 4
           Create_time: 2014-09-23 09:34:31
           Update_time: NULL
            Check_time: NULL
             Collation: utf8_general_ci
              Checksum: NULL
         Create_options:
               Comment:
1 row in set (0.00 sec)
```

上述执行结果显示出了 student 表的基本信息，包括存储引擎、创建时间等，但是

Comment 项没有信息,说明这个表不是视图,这就是视图和普通表最直接的区别。

3. 使用 SHOW CREATE VIEW 查看视图

在 MySQL 中,使用 SHOW CREATE VIEW 语句不仅可以查看创建视图时的定义语句,还可以查看视图的字符编码。SHOW CREATE VIEW 语句的基本语法格式如下所示:

```
SHOW CREATE VIEW 视图名;
```

在上述格式中,"视图名"指的是要查看的视图的名称。

【例 7-6】 使用 SHOW CREATE VIEW 语句查看 stu_class 视图,SQL 语句如下所示:

```
SHOW CREATE VIEW stu_class\G
```

上述 SQL 语句的执行结果如下所示:

```
mysql> SHOW CREATE VIEW stu_class\G
*************************** 1. row ***************************
                View: stu_class
         Create View: CREATE ALGORITHM=UNDEFINED DEFINER='root'@'localhost'
                     SQL SECURITY DEFINER VIEW 'stu_class' AS select
                     'student'.'s_id' AS 'id','student'.'name' AS 'NAME',
                     'stu_info'.'class' AS 'class' from ('student' join
                     'stu_info') where ('student'.'s_id' = 'stu_info'.'s_id')
character_set_client: utf8
collation_connection: utf8_general_ci
1 row in set (0.00 sec)
```

从上述执行结果可以看出,使用 SHOW CREATE VIEW 语句查看了视图的名称、创建语句、字符编码等信息。

7.2.5 修改视图

所谓修改视图是指修改数据库中存在的视图的定义,比如,当基本表中的某些字段发生变化时,可以通过修改视图的方式来保持视图与基本表的一致性。在 MySQL 中,修改视图的方式有两种,具体如下。

1. 使用 CREATE OR REPLACE VIEW 语句修改视图

在 MySQL 中,使用 CREATE OR REPLACE VIEW 语句修改视图,其基本语法格式如下所示:

```
CREATE [OR REPLACE ][ALGORITHM ={UNDEFINED | MERGE | TEMPTABLE}]
VIEW view_name [(column_list)]
AS SELECT_statement
[WITH[CASCADED | LOCAL] CHECK OPTION]
```

在使用 CREATE OR REPLACE VIEW 语句修改视图时,如果修改的视图存在,那么将使用修改语句对视图进行修改,如果视图不存在,那么将创建一个视图。

【例 7-7】 使用 CREATE OR REPLACE VIEW 语句修改 view_stu 视图,SQL 语句如下所示:

```
CREATE OR REPLACE VIEW view_stu AS SELECT * FROM student;
```

上述语法格式中,"view_stu"表示要修改的视图的名称,"*"是通配符表示表中所有字段,"student"指基本表的表名。

在修改视图之前,首先通过 DESC 语句查看修改之前的 view_stu 视图和 student 表中的字段信息,查询结果如下所示:

view_stu 视图的查询结果如下所示:

```
mysql> DESC view_stu;
+--------------+--------+------+-----+---------+-------+
| Field        | Type   | Null | Key | Default | Extra |
+--------------+--------+------+-----+---------+-------+
| math         | float  | YES  |     | NULL    |       |
| chinese      | float  | YES  |     | NULL    |       |
| math+chinese | double | YES  |     | NULL    |       |
+--------------+--------+------+-----+---------+-------+
3 rows in set (0.02 sec)
```

student 视图的查询结果如下所示:

```
mysql> DESC student;
+---------+-------------+------+-----+---------+-------+
| Field   | Type        | Null | Key | Default | Extra |
+---------+-------------+------+-----+---------+-------+
| s_id    | int(3)      | YES  |     | NULL    |       |
| name    | varchar(20) | YES  |     | NULL    |       |
| math    | float       | YES  |     | NULL    |       |
| chinese | float       | YES  |     | NULL    |       |
+---------+-------------+------+-----+---------+-------+
4 rows in set (0.01 sec)
```

对 view_stu 视图进行修改,SQL 语句如下所示:

```
CREATE OR REPLACE VIEW view_stu AS SELECT * FROM student;
```

上述 SQL 语句执行成功后,使用 DESC 语句查看修改后的 view_stu 视图,执行结果如下所示:

```
mysql> DESC view_stu;
+---------+-------------+------+-----+---------+-------+
| Field   | Type        | Null | Key | Default | Extra |
+---------+-------------+------+-----+---------+-------+
| s_id    | int(3)      | YES  |     | NULL    |       |
| name    | varchar(20) | YES  |     | NULL    |       |
| math    | float       | YES  |     | NULL    |       |
| chinese | float       | YES  |     | NULL    |       |
+---------+-------------+------+-----+---------+-------+
4 rows in set (0.01 sec)
```

上述执行结果显示了 view_stu 视图修改后的字段信息,修改后的字段信息和 student 表中的字段信息完全相同。

2. 使用 ALTER 语句修改视图

ALTER 语句是 MySQL 提供的另外一种修改视图的方法,使用 ALTER 语句修改视图的基本语法格式如下所示:

```
ALTER [ALGORITHM = {UNDEFINED | MERGE | TEMPTABLE}]
VIEW view_name [(column_list)]
AS SELECT_statement
[WITH[CASCADED | LOCAL] CHECK OPTION]
```

【例 7-8】 使用 ALTER 语句修改 view_stu 视图,SQL 语句如下所示:

```
ALTER VIEW view_stu AS SELECT chinese FROM student;
```

上述语句中,"view_stu"表示要修改的视图的名称,"chinese"表示 student 表中的 chinese 字段,"student"为基本表的表名。

执行修改 view_stu 视图的 SQL 语句,执行成功后使用 DESC 语句查看修改后的 view_stu 视图,执行结果如下所示:

```
mysql> ALTER VIEW view_stu AS SELECT chinese FROM student;
Query OK, 0 rows affected (0.01 sec)

mysql> DESC view_stu;
```

```
+---------+-------+------+-----+---------+-------+
| Field   | Type  | Null | Key | Default | Extra |
+---------+-------+------+-----+---------+-------+
| chinese | float | YES  |     | NULL    |       |
+---------+-------+------+-----+---------+-------+
1 row in set (0.01 sec)
```

上述执行结果显示了 view_stu 视图修改后的信息,我们看到使用 ALTER 语句修改后的 view_stu 视图中只剩下一个 chinese 字段。

7.2.6 更新视图

更新视图是指通过视图来更新、插入、删除基本表中的数据。因为视图是一个虚拟表,其中没有数据,当通过视图更新数据时其实是在更新基本表中的数据,如果对视图中的数据进行增加或者删除操作时,实际上就是在对其基本表中的数据进行增加或者删除操作。接下来将介绍三种更新视图的方法,具体如下。

1. 使用 UPDATE 语句更新视图

在 MySQL 中,可以使用 UPDATE 语句对视图中原有的数据进行更新。

【例 7-9】 更新 view_stu 视图中 chinese 字段对应的数据值,将字段值改为 100。SQL 语句如下所示:

```
UPDATE view_stu SET chinese =100;
```

在更新数据之前,首先使用 SELECT 查询语句分别查看 view_stu 视图和 student 表中的 chinese 字段的数据信息,查询结果如下所示:

```
mysql>SELECT chinese FROM view_stu;
+---------+
| chinese |
+---------+
|    78   |
|    80   |
|    95   |
+---------+
3 rows in set (0.01 sec)

mysql>SELECT chinese FROM student;
+---------+
| chinese |
+---------+
|    78   |
|    80   |
```

```
|    95   |
+---------+
3 rows in set (0.00 sec)
```

上述的查询结果显示了 view_stu 视图和 student 表中的 chinese 字段的数据信息，分别是 78、80 和 95。

接下来使用 UPDATE 语句更新视图 view_stu 中的 chinese 字段值，执行语句如下所示：

```
mysql> UPDATE view_stu SET chinese =100;
Query OK, 3 rows affected (0.04 sec)
Rows matched: 3  Changed: 3  Warnings: 0

mysql> SELECT chinese FROM view_stu;
+---------+
| chinese |
+---------+
|   100   |
|   100   |
|   100   |
+---------+
3 rows in set (0.01 sec)

mysql> SELECT chinese FROM student;
+---------+
| chinese |
+---------+
|   100   |
|   100   |
|   100   |
+---------+
3 rows in set (0.00 sec)

mysql> SELECT * FROM view_stu2;
+------+------+------+
| math | chin | sum  |
+------+------+------+
|  80  | 100  | 180  |
|  70  | 100  | 170  |
|  97  | 100  | 197  |
+------+------+------+
3 rows in set (0.00 sec)
```

通过上述查询结果可以看出，通过更新语句将 view_stu 视图中的 chinese 字段更新为 100，同时基本表 student 中的 chinese 字段和基于基本表建立的 view_stu2 视图中 chin 字段的值都变为 100。

2. 使用 INSERT 语句更新视图

在 MySQL 中，可以通过使用 INSERT 语句向表中插入一条记录。

【例 7-10】 使用 INSERT 语句向 student 表中插入一条数据。其中 s_id 字段的值为 4，name 字段的值为"Lily"，math 字段的值为 100，chinese 字段的值为 100。SQL 语句如下所示：

```
INSERT INTO student VALUES(4,'Lily',100,100);
```

上述 SQL 语句执行成功后，使用 SELECT 语句查看 student 表中的数据，执行结果如下所示：

```
mysql> SELECT * FROM student;
+------+------+------+---------+
| s_id | name | math | chinese |
+------+------+------+---------+
|    1 | Tom  |   80 |      78 |
|    2 | Jack |   70 |      80 |
|    3 | Lucy |   97 |      95 |
|    4 | Lily |  100 |     100 |
+------+------+------+---------+
4 rows in set (0.00 sec)
```

从执行结果可以看出，已经成功向 student 表中插入了 id 为 4 的整条数据信息，接下来看一下之前在 student 表上建立的 view_stu2 视图中数据的变化情况，如下所示。

（1）在 student 表中添加数据之前 view_stu2 中的数据信息，如下所示：

```
mysql> SELECT * FROM view_stu2;
+------+------+------+
| math | chin | sum  |
+------+------+------+
|   80 |  100 |  180 |
|   70 |  100 |  170 |
|   97 |  100 |  197 |
+------+------+------+
3 rows in set (0.00 sec)
```

（2）在 student 表中插入数据之后 view_stu2 中的数据信息，如下所示：

```
mysql> SELECT * FROM view_stu2;
```

```
+------+------+------+
| math | chin | sum  |
+------+------+------+
|   80 |  100 |  180 |
|   70 |  100 |  170 |
|   97 |  100 |  197 |
|  100 |  100 |  200 |
+------+------+------+
4 rows in set (0.00 sec)
```

从上述查询结果可以看出,在 student 表中插入了数据后,view_stu2 视图中的数据也随之改变。由此可见,当基本表中的数据发生变化之后,与基本表对应的视图数据也会一同改变。

3. 使用 DELETE 语句更新视图

在 MySQL 中,可以使用 DELETE 语句删除视图中的部分记录。

【例 7-11】 使用 DELETE 语句在 view_stu2 视图中删除一条记录,SQL 语句如下所示:

```
DELETE FROM view_stu2 WHERE math=70;
```

上述 SQL 语句执行成功后,使用 SELECT 语句查看删除数据后的 view_stu2 视图中的数据信息,查询结果如下所示:

```
mysql> SELECT * FROM view_stu2;
+------+------+------+
| math | chin | sum  |
+------+------+------+
|   80 |  100 |  180 |
|   97 |  100 |  197 |
|  100 |  100 |  200 |
+------+------+------+
3 rows in set (0.00 sec)
```

从上述查询结果可以看出,在视图 view_stu2 中删除 math=70 的记录后,视图中的一整条记录全部被删除了,接下来使用 SELECT 语句查看删除数据后的 student 表中的数据变化情况,查询结果如下所示:

```
mysql> SELECT * FROM student;
+------+------+------+---------+
| s_id | name | math | chinese |
```

```
+------+------+------+---------+
|  1   | Tom  |  80  |   78    |
|  3   | Lucy |  97  |   95    |
|  4   | Lily | 100  |  100    |
+------+------+------+---------+
3 rows in set (0.00 sec)
```

从上述的查询结果可以看出,student 表中的 math=70 的整条记录也被删除了。这是因为视图中的删除操作最终是通过删除基本表中的相关的记录实现的。

需要注意的是,尽管更新视图有多种方式,但是并非所有情况下都能执行视图的更新操作。当视图中包含如下内容时,视图的更新操作将不能被执行。

(1) 视图中包含基本表中被定义为非空的列。
(2) 在定义视图的 SELECT 语句后的字段列表中使用了数学表达式。
(3) 在定义视图的 SELECT 语句后的字段列表中使用了聚合函数。
(4) 在定义视图的 SELECT 语句中使用了 DISTINCT,UNION,TOP,GROUP BY 或 HAVING 子句。

7.2.7 删除视图

当视图不再需要时,可以将其删除,删除视图时,只能删除视图的定义,不会删除数据。删除一个或多个视图可以使用 DROP VIEW 语句,删除视图的基本语法格式如下所示:

```
DROP VIEW [IF EXISTS]
    view_name [,view_name1]…
    [RESTRICT | CASCADE]
```

在上述语法格式中,view_name 是要删除的视图的名称,视图名称可以添加多个,各个名称之间使用逗号隔开,删除视图必须拥有 DROP 权限。

【例 7-12】 删除 view_stu2 视图。SQL 语句如下所示:

```
DROP VIEW IF EXISTS view_stu2;
```

上述 SQL 语句执行成功后,会将 view_stu2 视图删除。为了验证视图是否删除成功,使用 SELECT 语句查看 view_stu2 视图,查询结果如下所示:

```
mysql> SELECT * FROM view_stu2;
ERROR 1146 (42S02): Table 'chapter07.view_stu2' doesn't exist
```

从上述查询结果可以看出,查询结果显示 view_stu2 视图不存在,说明视图被成功删除。

7.3 应用案例——视图的应用

通过前面的学习,读者已经掌握了如何创建视图、修改视图和删除视图。本节将通过一个应用案例让读者熟练掌握在实际开发中创建并使用视图的完整过程。

1. 案例的目的

掌握视图的创建、查询、更新和删除操作。

假如有来自河北和山东的三个理科学生报考北京大学(Peking University)和清华大学(Tsinghua University),现在需要对其考试的结果进行查询和管理,清华大学的录取分数线为725,北京大学的录取分数线为720。需要创建三个表对学生的信息进行管理,这三个表分别是学生表、报名表和成绩表,其中这三个表的主键(s_id)是统一的。表结构如表7-1~表7-3所示,表数据如表7-4~表7-6所示。

表7-1 stu 表结构

字段名	数据类型	主键	外键	非空	唯一	自增
s_id	INT(11)	是	否	是	是	否
s_name	VARCHAR(20)	否	否	是	否	否
addr	VARCHAR(50)	否	否	是	否	否
tel	VARCHAR(50)	否	否	是	否	否

表7-2 sign 表结构

字段名	数据类型	主键	外键	非空	唯一	自增
s_id	INT(11)	是	否	是	是	否
s_name	VARCHAR(20)	否	否	是	否	否
s_sch	VARCHAR(50)	否	否	是	否	否
s_sign_sch	VARCHAR(50)	否	否	是	否	否

表7-3 stu_mark 表结构

字段名	数据类型	主键	外键	非空	唯一	自增
s_id	INT(11)	是	否	是	是	否
s_name	VARCHAR(20)	否	否	是	否	否
mark	INT(11)	否	否	是	否	否

表7-4 stu 表数据

s_id	s_name	addr	tel
1	ZhangPeng	Hebei	13889075861
2	LiXiao	Shandong	13953508223
3	HuangYun	Shandong	13905350996

表 7-5 sign 表数据

s_id	s_name	s_sch	s_sign_sch
1	ZhangPeng	High School1	Peking University
2	LiXiao	High School2	Peking University
3	HuangYun	High School3	Tsinghua University

表 7-6 mark 表数据

s_id	s_name	mark
1	ZhangPeng	730
2	LiXiao	725
3	HuangYun	736

2. 案例操作过程

（1）创建学生表 stu，插入三条记录。

登录数据库后进入 chapter07 数据库，创建学生表，SQL 语句如下所示：

```
mysql> CREATE TABLE stu
    -> (
    -> s_id INT(11) PRIMARY KEY,
    -> s_name VARCHAR(20) NOT NULL,
    -> addr VARCHAR(50) NOT NULL,
    -> tel VARCHAR(50) NOT NULL
    -> );
```

上述 SQL 语句执行成功后，表示学生表 stu 创建成功，这时，使用 INSERT 语句向表中插入数据，SQL 语句如下所示：

```
mysql> INSERT INTO stu
    -> VALUES(1,'ZhangPeng','Hebei','13889075861'),
    -> (2,'LiXiao','Shandong','13953508223'),
    -> (3,'HuangYun','Shandong','13905350996');
```

上述 INSERT 语句执行成功后，向表中插入了三条记录，分别是学生的学号、姓名、所在省份和电话号码，这时，使用 SELECT 语句查看 stu 表中的数据信息，查询结果如下所示：

```
mysql> SELECT * FROM stu;
+------+-----------+----------+-------------+
| s_id | s_name    | addr     | tel         |
+------+-----------+----------+-------------+
|   1  | ZhangPeng | Hebei    | 13889075861 |
```

```
|  2 | LiXiao    | Shandong | 13953508223 |
|  3 | HuangYun  | Shandong | 13905350996 |
+------+----------+----------+-------------+
3 rows in set (0.00 sec)
```

从查询结果可以看出，在当前的数据库中创建了一个 stu 表，并成功插入了三条记录，stu 表的主键为 s_id。

（2）创建报名表 sign，插入三条记录。

首先创建报名表 sign，SQL 语句如下所示：

```
mysql> CREATE TABLE sign
    -> (
    -> s_id INT(11) PRIMARY KEY,
    -> s_name VARCHAR(20) NOT NULL,
    -> s_sch VARCHAR(50) NOT NULL,
    -> s_sign_sch VARCHAR(50) NOT NULL
    -> );
```

上述 SQL 语句执行成功后，表示报名表 sign 创建成功，接下来，使用 INSERT 语句向 sign 表中插入数据，SQL 语句如下所示：

```
mysql> INSERT INTO sign
    -> VALUES(1,'ZhangPeng','High School1','Peking University'),
    -> (2,'LiXiao','High School2','Peking University'),
    -> (3,'HuangYun','High School3','Tsinghua University');
```

上述 SQL 语句执行成功后，向表中插入了三条记录，分别是学生的学号、姓名、所在学校和报考的学校名称，这时，使用 SELECT 语句查看 sign 表中的数据信息，查询结果如下所示：

```
mysql> SELECT * FROM sign;
+------+-----------+--------------+---------------------+
| s_id | s_name    | s_sch        | s_sign_sch          |
+------+-----------+--------------+---------------------+
|  1   | ZhangPeng | High School1 | Peking University   |
|  2   | LiXiao    | High School2 | Peking University   |
|  3   | HuangYun  | High School3 | Tsinghua University |
+------+-----------+--------------+---------------------+
3 rows in set (0.00 sec)
```

从查询结果可以看出，sign 表创建成功，同时向表中插入了三条记录，sign 表的主键为 s_id。

(3) 创建成绩表 stu_mark,插入三条记录。

创建成绩表,SQL 语句如下所示:

```
mysql> CREATE TABLE stu_mark
    -> (
    -> s_id INT(11) PRIMARY KEY,
    -> s_name VARCHAR(20) NOT NULL,
    -> mark INT NOT NULL
    -> );
```

上述 SQL 语句执行成功后,表示成绩表 stu_mark 创建成功,这时,使用 INSERT 语句向表中插入数据,执行结果如下所示:

```
mysql> INSERT INTO stu_mark VALUES(1,'ZhangPeng',730),(2,'LiXiao',725),
(3,'HuangYun',736);
```

上述 SQL 语句执行成功后,向表中插入了三条记录,分别是学生的学号、姓名和成绩,这时,使用 SELECT 语句查看 stu_mark 表中的数据信息,查询结果如下所示:

```
mysql> SELECT * FROM stu_mark;
+------+-----------+------+
| s_id | s_name    | mark |
+------+-----------+------+
|    1 | ZhangPeng |  730 |
|    2 | LiXiao    |  725 |
|    3 | HuangYun  |  736 |
+------+-----------+------+
3 rows in set (0.00 sec)
```

从查询结果可以看出,stu_mark 表创建成功,同时向表中插入了三条记录,stu_mark 表的主键为 s_id。

(4) 创建考上北京大学(Peking University)的学生视图。

视图的名称为 beida,视图的内容包含考上北大的学生学号、姓名、成绩和报考学校名称 4 个字段,创建 beida 视图的 SQL 语句如下所示:

```
CREATE
VIEW beida(id,name,mark,sch)
AS
SELECT stu_mark.s_id,stu_mark.s_name,stu_mark.mark,sign.s_sign_sch
FROM stu_mark,sign
WHERE stu_mark.s_id=sign.s_id
    AND stu_mark.mark >=720
    AND sign.s_sign_sch='Peking University';
```

上述 SQL 语句执行成功后,接下来,使用查询语句查看满足条件的学生信息,执行

结果如下所示:

```
mysql> SELECT * FROM beida;
+----+----------+------+-----------------+
| id | name     | mark | sch             |
+----+----------+------+-----------------+
|  1 | ZhangPeng|  730 | Peking University |
|  2 | LiXiao   |  725 | Peking University |
+----+----------+------+-----------------+
2 rows in set (0.06 sec)
```

从上述查询结果可以看出,符合北京大学录取条件的有两名学员,分别是 ZhangPeng 和 LiXiao,他们的成绩分别是 730 分和 725 分。

(5) 创建考上清华大学(Tsinghua University)的学生视图。

视图的名称为 qinghua,视图的内容包含考上清华的学生学号、姓名、成绩和报考学校名称 4 个字段,创建 qinghua 视图的 SQL 语句如下所示:

```
CREATE
VIEW qinghua(id,name,mark,sch)
AS
SELECT stu_mark.s_id,stu_mark.s_name,stu_mark.mark,sign.s_sign_sch
FROM stu_mark,sign
WHERE stu_mark.s_id=sign.s_id
    AND stu_mark.mark >=725
    AND sign.s_sign_sch='Tsinghua University';
```

上述 SQL 语句执行成功后,接下来使用查询语句查看满足条件的学生信息,执行结果如下所示:

```
mysql> SELECT * FROM qinghua;
+----+----------+------+---------------------+
| id | name     | mark | sch                 |
+----+----------+------+---------------------+
|  3 | HuangYun |  736 | Tsinghua University |
+----+----------+------+---------------------+
1 row in set (0.00 sec)
```

从上述查询结果可以看出,符合清华大学录取条件的学员是 HuangYun,他的成绩是 736 分。

(6) 更新视图 qinghua。

HuangYun 的成绩在录入的时候录入错误,多录了 10 分,接下来对 HuangYun 的成绩进行修改,减去多录入的 10 分。在视图中可以使用 UPDATE 语句对基本表 stu_mark 的数据进行更新,更新的 SQL 语句如下所示:

```
UPDATE stu_mark SET mark=mark-10 WHERE stu_mark.s_name='HuangYun';
```

上述 SQL 语句执行成功后，表示 stu_mark 表修改成功，这时，使用查询语句查看修改后的 stu_mark 表的数据，执行结果如下所示：

```
mysql> SELECT * FROM stu_mark;
+------+----------+------+
| s_id | s_name   | mark |
+------+----------+------+
|   1  | ZhangPeng|  730 |
|   2  | LiXiao   |  725 |
|   3  | HuangYun |  726 |
+------+----------+------+
3 rows in set (0.00 sec)
```

从上述查询结果可以看出，s_name 值为 HuangYun 的学生成绩减去了多录的 10 分，变为 726 分。接下来查看 qinghua 视图表中的信息情况，执行结果如下所示：

```
mysql> SELECT * FROM qinghua;
+----+----------+------+---------------------+
| id | name     | mark | sch                 |
+----+----------+------+---------------------+
|  3 | HuangYun |  726 | Tsinghua University |
+----+----------+------+---------------------+
1 row in set (0.03 sec)
```

从上述的查询结果可以看出，HuangYun 同学的信息依然在 qinghua 视图中，因为清华大学的录取分数线是 725 分，虽然 HuangYun 同学减去了多录的 10 分，但依然以超出分数线一分的成绩，顺利被清华大学录取。

小　　结

本章主要讲解了视图的创建、查看视图、修改视图、更新视图、删除视图，以及最后的视图应用案例。通过本章的学习，初学者应该掌握如何创建视图，当基本表的字段发生变化时如何修改视图，以及如何通过视图修改基本表中的数据信息等知识。

测　一　测

1. 已知有一张 sales 表，表中有上半年的销量 first_half 和下半年的销量 latter_half。请在 sales 表上创建一个视图，查询出一年的总销量。
2. 简述修改视图的两种方式，并写出其基本语法。

扫描右方二维码，查看思考题答案。

第 8 章

数据库的高级操作

学习目标
- 学会对数据库中的数据进行备份和还原操作
- 学会在数据库中创建、删除用户
- 学会对数据库中的权限进行授予、查看和收回操作

通过前几章的学习,读者对数据库的概念以及数据库的基本操作有了一定的了解,在数据库中还有一些高级的操作,如数据的备份、还原,用户管理、权限管理、事务管理等,本章将针对这些知识进行详细的讲解。

8.1 数据备份与还原

在操作数据库时,难免会发生一些意外造成数据丢失。例如,突然停电、管理员的操作失误都可能导致数据的丢失。为了确保数据的安全,需要定期对数据库进行备份,这样,当遇到数据库中数据丢失或者出错的情况,就可以将数据进行还原,从而最大限度地降低损失。本节将针对数据的备份和还原进行详细的讲解。

8.1.1 数据的备份

日常生活中,人们经常需要为自己家的房门多配几把钥匙,为自己的爱车准备一个备胎,这些事情其实都是在做备份。在数据库的维护过程中,数据也经常需要备份,以便在系统遭到破坏或其他情况下重新加以利用,为了完成这种功能,MySQL 提供了一个 mysqldump 命令,它可以实现数据的备份。

mysqldump 命令可以备份单个数据库、多个数据库和所有数据库,由于这三种备份方式比较类似,所以本节就以备份单个数据库为例来讲解 mysqldump 命令,其他方式只列举语法格式,具体如下。

1. 备份单个数据库

mysqldump 命令备份数据库的语法格式如下:

```
mysqldump -uusername -ppassword dbname [tbname1 [tbname2…]]>filename.sql
```

上述语法格式中,-u 后面的参数 username 表示用户名,-p 后面的参数 password 表示登录密码,dbname 表示需要备份的数据库名称,tbname 表示数据库中的表名,可以指定一个或多个表,多个表名之间用空格分隔,如果不指定则备份整个数据库,filename.sql 表示备份文件的名称,文件名前可以加上绝对路径。

需要注意的是,在使用 mysqldump 命令备份数据库时,直接在 DOS 命令行窗口中执行该命令即可,不需要登录到 MySQL 数据库。

为了让初学者更好地掌握 mysqldump 命令如何使用,接下来通过具体的案例来演示,在演示之前创建一个名称为 chapter08 的数据库,并在数据库中创建表 student,插入相应数据,SQL 语句如下:

```
CREATE DATABASE chapter08;
USE chapter08;
CREATE TABLE student(
    id int primary key auto_increment,
    name varchar(20),
    age int
);
INSERT INTO student(name,age) VALUES ('Tom',20);
INSERT INTO student(name,age) VALUES ('Jack',16);
INSERT INTO student(name,age) VALUES ('Lucy',18);
```

上述 SQL 语句执行成功后。为了验证数据是否添加成功,使用 SELECT 语句查询表 student,查询结果如下:

```
mysql> SELECT * FROM student;
+----+------+------+
| id | name | age  |
+----+------+------+
|  1 | Tom  |  20  |
|  2 | Jack |  16  |
|  3 | Lucy |  18  |
+----+------+------+
3 rows in set (0.00 sec)
```

从上述查询结果可以看出,数据添加成功了。

【例 8-1】 首先在 C 盘创建一个名为 backup 的文件夹用于存放备份好的文件,然后重新开启一个 DOS 命令行窗口(不用登录到 MySQL 数据库),使用 mysqldump 命令备份 chapter08 数据库,mysqldump 语句如下:

```
mysqldump -uroot -pitcast chapter08>C:/backup/chapter08_20140305.sql
```

上述语句执行成功后，会在 backup 文件夹中生成一个名为 chapter08_20140305.sql 的备份文件，使用记事本打开该文件，可以看到如下所示的内容：

```
--MySQL dump 10.13 Distrib 5.5.27, for Win32 (x86)
--
--Host: localhost  Database: chapter08
-- ------------------------------------------------------
--Server version5.5.27

/*!40101 SET @OLD_CHARACTER_SET_CLIENT=@@CHARACTER_SET_CLIENT */;
/*!40101 SET @OLD_CHARACTER_SET_RESULTS=@@CHARACTER_SET_RESULTS */;
/*!40101 SET @OLD_COLLATION_CONNECTION=@@COLLATION_CONNECTION */;
...
省略部分信息
...
--
--Table structure for table 'student'
--
DROP TABLE IF EXISTS 'student';
/*!40101 SET @saved_cs_client     = @@character_set_client */;
/*!40101 SET character_set_client = utf8 */;
CREATE TABLE 'student' (
  'id' int(11) NOT NULL AUTO_INCREMENT,
  'name' varchar(20) DEFAULT NULL,
  'age' int(11) DEFAULT NULL,
  PRIMARY KEY ('id')
) ENGINE=InnoDB AUTO_INCREMENT=4 DEFAULT CHARSET=gbk;
/*!40101 SET character_set_client = @saved_cs_client */;
...
省略部分信息
...
--Dump completed on 2014-03-05 18:15:39
```

从上述文件可以看出，备份文件中会包含 mysqldump 的版本号、MySQL 的版本号、主机名称、备份的数据库名称，以及一些 SET 语句、CREATE 语句、INSERT 语句、注释信息等。其中以"--"字符开头的都是 SQL 的注释；以"/*!"开头、"*/"结尾的语句都是可执行的 MySQL 注释，这些语句可以被 MySQL 执行，但在其他数据库管理系统中将被作为注释忽略，这可以提高数据库的可移植性。

需要注意的是，以"/*!40101"开头、"*/"结尾的注释语句中，40101 是 MySQL 数据库的版本号，相当于 MySQL 4.1.1，在还原数据时，如果当前 MySQL 的版本比 MySQL 4.1.1 高，"/*!40101"和"*/"之间的内容就被当作 SQL 命令来执行，如果比当前版本低，"/*!40101"和"*/"之间的内容就被当作注释。

2. 备份多个数据库

mysqldump 命令不仅可以备份一个数据，还同时可以备份多个数据库，其语法格式如下：

```
mysqldump -uusername -ppassword --database dbname1 [dbname2 dbname3…]> filename.sql
```

上述语法格式中，"--databases"参数后面至少应指定一个数据库名称，如果有多个数据库，则名称之间用空格隔开。

3. 备份所有数据库

使用 mysqldump 命令备份所有数据库时，只需在该命令后使用"--all-databases"参数即可，其语法格式如下：

```
mysqldump -uusername -ppassword --all-databases>filename.sql
```

需要注意的是，如果使用"--all-databases"参数备份了所有的数据库，那么在还原数据库时，不需要创建数据库并指定要操作的数据库，因为对应的备份文件中包含 CREATE DATABASE 语句和 USE 语句。

8.1.2 数据的还原

当数据库中的数据遭到破坏时，可以通过备份好的数据文件进行还原，这里所说的还原是指还原数据库中的数据，而库是不能被还原的。通过前面的讲解可知，备份文件实际上就是由多个 CREATE、INSERT 和 DROP 语句组成，因此只要使用 mysql 命令执行这些语句就可以将数据还原。

mysql 命令还原数据的语法格式如下：

```
mysql -uusername -ppassword [dbname] < filename.sql
```

上述语法格式中，username 表示登录的用户名，password 表示用户的密码，dbname 表示要还原的数据库名称，如果使用 mysqldump 命令备份的 filename.sql 文件中包含创建数据库的语句，则不需要指定数据库。

我们知道数据库中的库是不能被还原的，因此在还原数据之前必须先创建数据库。接下来通过一个案例来学习数据的还原，具体操作步骤如下。

1. 删除数据库

为了演示数据的还原，首先需要使用 DROP 语句将数据库 chapter08 删除，具体语句如下：

```
DROP DATABASE chapter08;
```

上述语句执行成功后,可以使用 SHOW DATABASES 语句查询数据库,查询结果如下:

```
mysql> SHOW DATABASES;
+--------------------+
| Database           |
+--------------------+
| information_schema |
| chapter04          |
| mysql              |
| performance_schema |
| test               |
+--------------------+
5 rows in set (0.00 sec)
```

从查询结果可以看出,数据库 chapter08 被成功删除了。

2. 创建数据库

由于库是不能被还原的,因此先要创建一个数据库 chapter08,具体语句如下:

```
CREATE DATABASE chapter08;
```

上述语句执行成功后,接下来就可以还原数据库中的数据了。

3. 还原数据

使用 mysql 语句还原 C:/backup 目录下的 chapter08_20140305.sql 文件,具体语句如下:

```
mysql -uroot -pitcast chapter08 <C:/backup/chapter08_20140305.sql
```

上述语句执行成功后,数据库中的数据就会被还原。

4. 查看数据

为了验证数据已经还原成功,可以使用 SELECT 语句查询 chapter08 中的数据,查询结果如下:

```
mysql> SELECT * FROM student;
+----+------+------+
| id | name | age  |
```

```
+----+------+------+
| 1  | Tom  | 20   |
| 2  | Jack | 16   |
| 3  | Lucy | 18   |
+----+------+------+
3 rows in set (0.16 sec)
```

从上述查询结果可以发现,数据已经被还原了。这种还原方式只是其中的一种,还可以登录到 MySQL 数据库,使用 source 命令来还原数据,source 命令还原数据的语法格式如下:

```
source filename.sql
```

source 命令的语法格式比较简单,只需要指定导入文件的名称以及路径即可。按照上面的方式同样可以查看到还原后的效果,在此就不演示了,有兴趣的读者可以自己测试。

8.2 用户管理

每个软件都会对用户信息进行管理,MySQL 也不例外,MySQL 中的用户分为 root 用户和普通用户,root 用户为超级管理员,具有所有权限,如创建用户、删除用户、管理用户等,而普通用户只拥有被赋予的某些权限。本节将针对 MySQL 的用户管理进行详细讲解。

8.2.1 user 表

在安装 MySQL 时,会自动安装一个名为 mysql 的数据库,该数据库中的表都是权限表,如 user、db、host、tables_priv、column_priv 和 procs_priv,其中 user 表是最重要的一个权限表,它记录了允许连接到服务器的账号信息以及一些全局级的权限信息,通过操作该表就可以对这些信息进行修改。为了让初学者更好地学习 user 表,接下来列举 user 表中的一些常用字段,如表 8-1 所示。

表 8-1 user 表

字 段 名	数 据 类 型	默认值
Host	char(60)	N
User	char(16)	N
Password	char(41)	N
Select_priv	enum('N', 'Y')	N
Insert_priv	enum('N', 'Y')	N
Update_priv	enum('N', 'Y')	N

续表

字 段 名	数 据 类 型	默认值
Delete_priv	enum('N', 'Y')	N
Create_priv	enum('N', 'Y')	N
Drop_priv	enum('N', 'Y')	N
Reload_priv	enum('N', 'Y')	N
Shutdown_priv	enum('N', 'Y')	N
ssl_type	enum('','ANY','X509','SPECIFIED')	
ssl_cipher	blob	NULL
x509_issuer	blob	NULL
x509_subject	blob	NULL
max_questions	int(11) unsigned	0
max_updates	int(11) unsigned	0
max_connections	int(11) unsigned	0
max_user_connections	int(11) unsigned	0
plugin	char(64)	
authentication_string	text	NULL

表 8-1 中只列举了 user 表的一部分字段，实际上 MySQL 5.5 的 user 表中有 42 个字段，这些字段大致可分为 4 类，具体如下。

1. 用户列

user 表的用户列包括 Host、User、Password，分别代表主机名、用户名和密码。其中 Host 和 User 列为 user 表的联合主键，当用户与服务器建立连接时，输入的用户名、主机名和密码必须匹配 user 表中对应的字段，只有这三个值都匹配的时候，才允许建立连接。当修改密码时，只需要修改 user 表中 Password 字段的值即可。

2. 权限列

user 表的权限列包括 Select_priv、Insert_priv、Update_priv 等以 priv 结尾的字段，这些字段决定了用户的权限，其中包括查询权限、修改权限、关闭服务等权限。

user 表对应的权限是针对所有数据库的，并且这些权限列的数据类型都是 ENUM，取值只有 N 或 Y，其中 N 表示该用户没有对应权限，Y 表示该用户有对应权限，为了安全起见，这些字段的默认值都为 N，如果需要可以对其进行修改。

3. 安全列

user 表的安全列用于管理用户的安全信息，其中包括 6 个字段，具体如下。

（1）ssl_type 和 ssl_cipher：用于加密。

（2）x509_issuer 和 x509_subject 标准：可以用来标识用户。

（3）plugin 和 authentication_string：用于存储与授权相关的插件。

通常标准的发行版不支持 ssl 加密，初学者可以使用 SHOW VARIABLES LIKE

'have_openssl' 语句查看，如果 have_openssl 的取值为 DISABLED，则表示不支持加密。

4. 资源控制列

user 表的资源控制列是用于限制用户使用的资源，其中包括 4 个字段，具体如下。

(1) max_questions：每小时允许用户执行查询操作的次数。
(2) max_updates：每小时允许用户执行更新操作的次数。
(3) max_connections：每小时允许用户建立连接的次数。
(4) max_user_connections：允许单个用户同时建立连接的次数。

8.2.2 创建普通用户

在创建新用户之前，可以通过 SELECT 语句查看 mysql.user 表中有哪些用户，查询结果如下：

```
mysql> USE mysql;
Database changed
mysql> SELECT host,user,password FROM user;
+-----------+------+-------------------------------------------+
| host      | user | password                                  |
+-----------+------+-------------------------------------------+
| localhost | root | *27FE6B5A028489ECF5079808FC148190EB26F4D7 |
| localhost |      |                                           |
| %         |      |                                           |
+-----------+------+-------------------------------------------+
3 rows in set (0.00 sec)
```

从上述结果可以看出，user 表中只有一个 root 用户信息。

由于 MySQL 中存储的数据较多，通常一个 root 用户是无法管理这些数据的，因此需要创建多个普通用户来管理不同的数据，创建普通用户有三种方式，接下来将针对这三种方式进行详细的讲解。

1. 使用 GRANT 语句创建用户

GRANT 语句不仅可以创建新用户，还可以对用户进行授权（将在后面讲解），该语句会自动加载权限表，不需要手动刷新，而且安全、准确、错误少，因此，使用 GRANT 语句是创建用户最常用的方法。

GRANT 语句创建用户的语法格式如下：

```
GRANT privileges ON database.table
    TO 'username'@'hostname' [IDENTIFIED BY [PASSWORD]'password']
    [,'username'@'hostname [IDENTIFIED BY [PASSWORD]'password']] …
```

上述语法格式中，privileges 参数表示该用户具有的权限信息，database.table 表示新用户的权限范围表，可以在指定的数据库、表上使用自己的权限，username 参数是新用户的名称，hostname 参数是主机名，password 参数是新用户的密码。

使用 GRANT 语句创建一个新用户，用户名为 user1、密码为 123，并授予该用户对 chapter08.student 表有查询权限，GRANT 语句如下：

```
GRANT SELECT ON chapter08.student TO 'user1'@'localhost' IDENTIFIED BY '123';
```

上述语句执行成功后，可以通过 SELECT 语句验证用户是否创建成功，具体如下：

```
mysql> SELECT host,user,password FROM user;
+-----------+-------+-------------------------------------------+
| host      | user  | password                                  |
+-----------+-------+-------------------------------------------+
| localhost | root  | *27FE6B5A028489ECF5079808FC148190EB26F4D7 |
| localhost |       |                                           |
| localhost | user1 | *23AE809DDACAF96AF0FD78ED04B6A265E05AA257 |
| %         |       |                                           |
+-----------+-------+-------------------------------------------+
4 rows in set (0.00 sec)
```

从执行结果可以看出，使用 GRANT 语句成功地创建一个新用户 user1，但密码显示的并不是 123，而是一串字符，这是因为在创建用户时，MySQL 会对用户的密码自动加密，以提高数据库的安全性。

需要注意的是，用户使用 GRANT 语句创建新用户时，必须有 GRANT 权限。

2. 使用 CREATE USER 语句创建用户

使用 CREATE USER 语句创建新用户时，服务器会自动修改相应的授权表，但需要注意的是，该语句创建的新用户是没有任何权限的。

CREATE USER 语句创建用户的语法格式如下：

```
CREATE USER 'username'@'hostname'[IDENTIFIED BY [PASSWORD]'password']
         [,'username'@'hostname'[IDENTIFIED BY [PASSWORD]'password']]…
```

上述语法格式中，username 表示新创建的用户名，hostname 表示主机名，IDENTIFIED BY 关键字用于设置用户的密码，password 表示用户的密码，PASSWORD 关键字表示使用哈希值设置密码，该参数是可选的，如果密码是一个普通的字符串，就不需要使用 PASSWORD 关键字。

使用 CREATE USER 语句创建一个新用户，用户名为 user2、密码为 123，CREATE USER 语句如下：

```
CREATE USER 'user2'@'localhost' IDENTIFIED BY '123';
```

上述语句执行成功后,可以通过 SELECT 语句验证用户是否创建成功,具体如下:

```
mysql> SELECT host,user,password FROM user;
+-----------+-------+-------------------------------------------+
| host      | user  | password                                  |
+-----------+-------+-------------------------------------------+
| localhost | root  | *27FE6B5A028489ECF5079808FC148190EB26F4D7 |
| localhost | user2 | *23AE809DDACAF96AF0FD78ED04B6A265E05AA257 |
| localhost |       |                                           |
| localhost | user1 | *23AE809DDACAF96AF0FD78ED04B6A265E05AA257 |
| %         |       |                                           |
+-----------+-------+-------------------------------------------+
5 rows in set (0.00 sec)
```

从执行结果可以看出,CREATE USER 语句成功地创建了一个 user2 用户。需要注意的是,如果添加的用户已经存在,那么在执行 CREATE USER 语句时会报错。

3. 使用 INSERT 语句创建用户

通过前面的讲解可知,不管是 CREATE USER 语句还是 GRANT 语句,在创建用户时,实际上都是在 user 表中添加一条新的记录,因此,也可以使用 INSERT 语句直接在该表中添加一个用户。

INSERT 语句创建用户的语法格式如下:

```
INSERT INTO mysql.user(Host,User,Password,ssl_cipher、x509_issuer、x509_subject)
VALUES('hostname','username',PASSWORD('password'),'','','');
```

上述语法格式中,mysql. user 参数表示操作的表,Host、User、Password、ssl_cipher、x509_issuer、x509_subject 为相应字段,PASSWORD()是一个加密函数,用于给密码加密。

需要注意的是,使用 INSERT 语句创建用户时,通常只需添加 Host、User 和 Password 这三个字段即可,其他的字段取其默认值,但由于 ssl_cipher、x509_issuer、x509_subject 字段是没有默认值的,因此 INSERT 语句创建用户时,还需要为这几个字段设置初始值。

使用 INSERT 语句直接在 mysql. user 表中创建一个新用户,用户名为 user3,密码为 123,INSERT 语句如下:

```
INSERT INTO mysql.user(Host,User,Password,ssl_cipher,x509_issuer,x509_subject)
VALUES('localhost','user3',PASSWORD('123'),'','','');
```

上述语句执行成功后,就可以通过 SELECT 语句验证用户是否创建成功,具体如下:

```
mysql> SELECT host,user,password FROM user;
+-----------+-------+-------------------------------------------+
| host      | user  | password                                  |
+-----------+-------+-------------------------------------------+
| localhost | root  | *27FE6B5A028489ECF5079808FC148190EB26F4D7 |
| localhost | user2 | *23AE809DDACAF96AF0FD78ED04B6A265E05AA257 |
| localhost |       |                                           |
| localhost | user1 | *23AE809DDACAF96AF0FD78ED04B6A265E05AA257 |
| %         |       |                                           |
| localhost | user3 | *23AE809DDACAF96AF0FD78ED04B6A265E05AA257 |
+-----------+-------+-------------------------------------------+
6 rows in set (0.00 sec)
```

从执行结果可以看出,使用 INSERT 语句成功地创建一个新用户 user3,但是由于 INSERT 语句没有刷新权限表的功能,因此,user3 用户暂时是不能使用的,为了让当前用户生效,还需要手动刷新当前的权限表或重新启动 MySQL 服务,刷新权限表的语句如下:

```
FLUSH PRIVILEGES;
```

上述语句执行成功后,就可以使用 user3 用户登录 MySQL 数据库了。

8.2.3 删除普通用户

在 MySQL 中,通常会创建多个普通用户来管理数据库,但如果发现某些用户是没有必要的,就可以将其删除,删除用户有两种方式,接下来将针对这两种方式进行详细的讲解。

1. 使用 DROP USER 语句删除用户

DROP USER 语句与 DROP DATABASE 语句有些类似,如果要删除某个用户,只需在 DROP USER 后面指定要删除的用户信息即可。

DROP USER 语句删除用户的语法格式如下:

```
DROP USER 'username'@'hostname'[,'username'@'hostname'];
```

上述语法格式中,username 表示要删除的用户,hostname 表示主机名,DROP USER 语句可以同时删除一个或多个用户,多个用户之间用逗号隔开。值得注意的是,使用 DROP USER 语句来删除用户时,必须拥有 DROP USER 的权限。

使用 DROP USER 语句删除用户 user1,SQL 语句如下:

```
DROP USER 'user1'@'localhost';
```

上述语句执行成功后，可以通过 SELECT 语句验证用户是否被删除，运行结果如下：

```
mysql> SELECT host,user,password FROM user;
+-----------+-------+-------------------------------------------+
| host      | user  | password                                  |
+-----------+-------+-------------------------------------------+
| localhost | root  | *27FE6B5A028489ECF5079808FC148190EB26F4D7 |
| localhost | user2 | *23AE809DDACAF96AF0FD78ED04B6A265E05AA257 |
| localhost |       |                                           |
| %         |       |                                           |
| localhost | user3 | *23AE809DDACAF96AF0FD78ED04B6A265E05AA257 |
+-----------+-------+-------------------------------------------+
5 rows in set (0.00 sec)
```

从运行结果可以看出，user 表中已经没有 user1 用户了，因此说明该用户被成功删除了。

2. 使用 DELETE 语句删除用户

DELETE 语句不仅可以删除普通表中的数据，还可以删除 user 表中的数据，使用该语句删除 user 表中的数据时，只需指定表名为 mysql.user，以及要删除的用户信息即可。同样地，在使用 DELETE 语句时必须拥有对 mysql.user 表的 DELETE 权限。

DELETE 语句删除用户的语法格式如下：

```
DELETE FROM mysql.user WHERE Host='hostname' AND User='username';
```

上述语法格式中，mysql.user 参数指定要操作的表，WHERE 指定条件语句，Host 和 User 都是 mysql.user 表的字段，这两个字段可以确定唯一的一条记录。

使用 DELETE 语句删除用户 user2，SQL 语句如下：

```
DELETE FROM mysql.user WHERE Host='localhost' AND User='user2';
```

上述语句执行成功后，可以通过 SELECT 语句查询用户是否被删除，查询结果如下：

```
mysql> SELECT host,user,password FROM user;
+-----------+-------+-------------------------------------------+
| host      | user  | password                                  |
+-----------+-------+-------------------------------------------+
| localhost | root  | *27FE6B5A028489ECF5079808FC148190EB26F4D7 |
| localhost |       |                                           |
| %         |       |                                           |
| localhost | user3 | *23AE809DDACAF96AF0FD78ED04B6A265E05AA257 |
+-----------+-------+-------------------------------------------+
4 rows in set (0.00 sec)
```

从运行结果可以看出，user 表中已经没有 user2 用户了，因此说明该用户被成功删除了。由于直接对 user 表进行操作，执行完命令后需要使用"FLUSH PRIVILEGES;"语句重新加载用户权限。

8.2.4 修改用户密码

MySQL 中的用户都可以对数据库进行不同操作，因此管理好每个用户的密码是至关重要的，密码一旦丢失就需要及时进行修改。root 用户具有最高的权限，不仅可以修改自己的密码，还可以修改普通用户的密码，而普通用户只能修改自己的密码。

由于 root 用户和普通用户修改密码的方式比较类似，接下来就以 root 用户修改自己的密码为例进行演示，具体如下。

1. 修改 root 用户的密码

1）使用 mysqladmin 命令修改 root 用户密码

mysqladmin 命令通常用于执行一些管理性的工作，以及显示服务器状态等，在 MySQL 中可以使用该命令修改 root 用户的密码。

mysqladmin 命令修改密码的语法格式如下：

```
mysqladmin -u username [-h hostname] -p password new_password
```

上述语法格式中，username 为要修改的用户名，这里指的是 root 用户，参数 -h 用于指定对应的主机，可以省略不写，默认为 localhost，-p 后面的 password 为关键字，而不是修改后的密码，new_password 为新设置的密码。需要注意的是，在使用 mysqladmin 命令修改 root 用户密码时，需要在 C:\Documents and Settings\Administrator＞目录下进行修改。

在命令行窗口中，使用 mysqladmin 命令，将 root 用户的密码修改为 mypwd1，SQL 语句如下：

```
mysqladmin -u root -p password mypwd1
```

上述语句执行成功后，会提示输入密码，具体如下：

```
C:\Documents and Settings\Administrator>mysqladmin -u root -p password mypwd1
Enter password: ******
```

需要注意的是，上面提示输入密码，是指 root 用户的旧密码，密码输入正确后，该语句执行完毕，root 用户的密码被修改，下次登录时使用新的密码即可。初学者可以在命令行窗口中进行验证，如下所示：

```
C:\Documents and Settings\Administrator>mysql -uroot -pmypwd1
Welcome to the MySQL monitor.  Commands end with ; or \g.
```

```
Your MySQL connection id is 8
Server version: 5.5.27 MySQL Community Server (GPL)
Copyright (c) 2000, 2011, Oracle and/or its affiliates. All rights reserved.
Oracle is a registered trademark of Oracle Corporation and/or its
affiliates. Other names may be trademarks of their respectiveowners.
Type 'help;' or '\h' for help. Type '\c' to clear the current input statement.
```

从上述结果可以看出,使用新密码成功登录了 MySQL 数据库,因此,说明密码修改成功。

2) 使用 UPDATE 语句修改 root 用户密码

由于所有的用户信息都存放在 mysql.user 表中,因此,只要 root 用户登录到 MySQL 服务器,使用 UPDATE 语句就可以直接修改自己的密码。

UPDATE 语句修改密码的语法格式如下:

```
UPDATE mysql.user set Password=PASSWORD('new_password')
WHERE User='username' and Host='hostname';
```

root 用户登录到 MySQL 服务器,通过 UPDATE 语句将 root 用户的密码修改为 mypwd2,UPDATE 语句如下:

```
UPDATE mysql.user SET Password=PASSWORD('mypwd2') WHERE User='root' and Host='localhost';
```

上述语句执行成功后,还需使用 FLUSH PRIVILEGES 重新加载权限表,然后就可以使用新密码登录 MySQL 数据库了,结果如下:

```
C:\Documents and Settings\Administrator>mysql -uroot -pmypwd2;
Welcome to the MySQL monitor. Commands end with ; or \g.
Your MySQL connection id is 8
Server version: 5.5.27 MySQL Community Server (GPL)
Copyright (c) 2000, 2011, Oracle and/or its affiliates. All rights reserved.
Oracle is a registered trademark of Oracle Corporation and/or its
affiliates. Other names may be trademarks of their respectiveowners.
Type 'help;' or '\h' for help. Type '\c' to clear the current input statement.
```

需要注意的是,由于 UPDATE 语句不能刷新权限表,因此一定要使用 FLUSH PRIVILEGES 语句重新加载用户权限,否则修改后的密码不会生效。

3) 使用 SET 语句修改 root 用户的密码

root 用户登录到 MySQL 服务器后,还可以通过 SET 语句修改 root 用户的密码。

SET 语句修改密码的语法格式如下:

```
SET PASSWORD=PASSWORD('new_password');
```

需要注意的是，由于 SET 语句没有对密码加密的功能，因此，新密码必须使用 PASSWORD()函数加密，并且新密码需要使用引号括起。

root 用户登录到 MySQL 服务器，使用 SET 语句将 root 用户的密码修改为 mypwd3，SET 语句如下：

```
SET PASSWORD=password('mypwd3');
```

上述语句执行成功后，在命令行窗口中使用新密码 mypwd3 登录数据库，结果如下：

```
C:\Documents and Settings\Administrator>mysql -uroot -pmypwd3;
Welcome to the MySQL monitor. Commands end with ; or \g.
Your MySQL connection id is 8
Server version: 5.5.27 MySQL Community Server (GPL)
Copyright (c) 2000, 2011, Oracle and/or its affiliates. All rights reserved.
Oracle is a registered trademark of Oracle Corporation and/or its
affiliates. Other names may be trademarks of their respectiveowners.
Type 'help;' or '\h' for help. Type '\c' to clear the current input statement.
```

2. root 用户修改普通用户的密码

1）使用 GRANT 语句修改普通用户密码

GRANT 语句的作用比较多，不仅可以创建用户为用户授权，还可以修改用户的密码，通常情况下，为了不影响当前账户的权限，可以使用 GRANT USAGE 语句修改指定账户的密码。

GRANT 语句修改密码的语法格式如下：

```
GRANT USAGE ON *.* TO 'username'@'localhost' IDENTIFIED BY [PASSWORD]'new_password';
```

2）使用 UPDATE 语句修改普通用户的密码

root 用户具有操作数据库的所有权限，因此，它不仅可以使用 UPDATE 语句修改自己的密码，还可以使用 UPDATE 语句修改普通用户的密码，其语法格式与修改 root 用户密码的语法格式相同，具体如下：

```
UPDATE mysql.user set Password=PASSWORD('new_password')
WHERE User='username' and Host='hostname';
```

需要注意的是，使用上述语句修改完普通用户的密码后，还需要使用 FLUSH PRIVILEGES 语句重新加载权限表。

3）使用 SET 语句修改普通用户的密码

前面讲过使用 SET 不仅可以修改 root 用户密码，而且还可以修改普通用户密码，在修改普通用户密码时,还需要增加一个 FOR 子句,指定要修改哪个用户即可。
SET 语句修改密码的语法格式如下:

```
SET PASSWORD FOR'username'@'hostname'=PASSWORD('new_password');
```

3. 普通用户修改密码

普通用户也可以修改自己的密码,这样普通用户就不需要每次修改密码时都通知管理员,普通用户登录到 MySQL 服务器后,可以通过 SET 语句来设置自己的密码,SET 语句的基本格式如下:

```
SET PASSWORD=PASSWORD('new_password');
```

SET 语句修改普通用户密码时,和修改 root 用户是一样的,都需要使用 PASSWORD()函数进行加密。

多学一招:如何解决 root 用户密码丢失

大家都知道 root 用户是超级管理员,具有很多的权限,因此该用户的密码一旦丢失,就会造成很大的麻烦,针对这种情况,MySQL 提供了对应的处理机制,可以通过特殊方法登录到 MySQL 服务器,然后重新为 root 用户设置密码,具体步骤如下:

1. 停止 MySQL 服务

在"运行"对话框中,使用 net 命令停止 MySQL 服务,具体命令如下:

```
net stop mysql
```

2. 使用--skip-grant-tables 启动 MySQL 服务

MySQL 服务器中有一个 skip-grant-tables 选项,它可以停止 MySQL 的权限判断,也就是说任何用户都可以访问数据库,并且通过该选项也可以启动 MySQL 服务,在"运行"对话框中执行如下命令:

```
mysqld --skip-grant-tables
```

3. 登录 MySQL 服务器

重新开启一个"运行"对话框,在"运行"对话框中登录 MySQL 服务器,具体命令如下:

```
mysql -u root
```

4. 使用 UPDATE 语句设置 root 用户密码

MySQL 登录成功后,可以通过 UPDATE 语句设置 root 用户的密码,具体语句如下:

```
UPDATE mysql.user SET Password=PASSWORD('itcast') WHERE User='root'
AND Host='localhost';
```

5. 加载权限表

MySQL 密码设置完成后，还需重新加载权限表，让设置的密码生效，具体语句如下：

```
FLUSH PRIVILEGES;
```

上述步骤执行完，可以使用 EXIT 或\q 命令退出服务器，然后使用新密码重新登录。至此，便完成了 root 用户的密码设置。

8.3 权限管理

在 MySQL 数据库中，为了保证数据的安全性，数据管理员需要为每个用户赋予不同的权限，以满足不同用户的需求，本节将针对 MySQL 的权限管理进行详细的讲解。

8.3.1 MySQL 的权限

MySQL 中的权限信息被存储在 MySQL 数据库的 user、db、host、tables_priv、column_priv 和 procs_priv 表中，当 MySQL 启动时会自动加载这些权限信息，并将这些权限信息读取到内存中。接下来通过表 8-2 列举一下 MySQL 的相关权限以及在 user 表中对应的列和权限范围。

表 8-2 MySQL 的权限信息

user 表的权限列	权限名称	权限范围
Create_priv	CREATE	数据库、表、索引
Drop_priv	DROP	数据库、表、视图
Grant_priv	GRANT OPTION	数据库、表、存储过程
References_priv	REFERENCES	数据库、表
Event_priv	EVENT	数据库
Alter_priv	ALTER	数据库
Delete_priv	DELETE	表
Insert_priv	INSERT	表
Index_priv	INDEX	表
Select_priv	SELECT	表、列
Update_priv	UPDATE	表、列
Create_temp_table_priv	CREATE TEMPORARY TABLES	表
Lock_tables_priv	LOCK TABLES	表
Trigger_priv	TRIGGER	表
Create_view_priv	CREATE VIEW	视图
Show_view_priv	SHOW VIEW	视图

续表

user 表的权限列	权 限 名 称	权 限 范 围
Alter_routine_priv	ALTER ROUTINE	存储过程、函数
Create_routine_priv	CREATE ROUTINE	存储过程、函数
Execute_priv	EXECUTE	存储过程、函数
File_priv	FILE	范围服务器上的文件
Create_tablespace_priv	CREATE TABLESPACE	服务器管理
Create_user_priv	CREATE USER	服务器管理
Process_priv	PROCESS	存储过程和函数
Reload_priv	RELOAD	访问服务器上的文件
Repl_client_priv	REPLICATION CLIENT	服务器管理
Repl_slave_priv	REPLICATION SLAVE	服务器管理
Show_db_priv	SHOW DATABASES	服务器管理
Shutdown_priv	SHUTDOWN	服务器管理
Super_priv	SUPER	服务器管理

表 8-2 对 MySQL 的权限以及权限的范围进行了介绍，对于初学者来说可能无法理解，接下来针对表中部分权限进行分析，具体如下。

（1）CREATE 和 DROP 权限，可以创建数据库、表、索引，或者删除已有的数据库、表、索引。

（2）INSERT、DELETE、UPDATE、SELECT 权限，可以对数据库中的表进行增删改查操作。

（3）INDEX 权限，可以创建或删除索引，适用于所有的表。

（4）ALTER 权限，可以用于修改表的结构或重命名表。

（5）GRANT 权限，允许为其他用户授权，可用于数据库和表。

（6）FILE 权限，被赋予该权限的用户能读写 MySQL 服务器上的任何文件。

上述这些权限只要了解即可，无须特殊记忆。

8.3.2 授予权限

在前面的章节中，之所以可以对数据进行增删改查的操作，是因为数据库中的用户拥有不同的权限，合理的授权可以保证数据库的安全。在 MySQL 中提供了一个 GRANT 语句，该语句可以为用户授权。

GRANT 语句的语法格式如下：

```
GRANT privileges [(columns)][,privileges[(columns)]] ON database.table
    TO 'username'@'hostname' [IDENTIFIED BY [PASSWORD]'password']
    [,'username'@'hostname' [IDENTIFIED BY [PASSWORD]'password']] …
    [WITH with_option [with_option]…]
```

上述语法格式中，privileges 表示权限类型，columns 参数表示权限作用于某一列，该参数可以省略不写,此时权限作用于整个表,username 表示用户名,hostname 表示主机名,IDENTIFIED BY 参数为用户设置密码,PASSWORD 参数为关键字,password 为用户的新密码。

WITH 关键字后面可以带有多个参数 with_option,这个参数有 5 个取值,具体如下。

(1) GRANT OPTION:将自己的权限授予其他用户。

(2) MAX_QUERIES_PER_HOUR count:设置每小时最多可以执行多少次(count)查询。

(3) MAX_UPDATES_PER_HOUR count:设置每小时最多可以执行多少次更新。

(4) MAX_CONNECTIONS_PER_HOUR count:设置每小时最大的连接数量。

(5) MAX_USER_CONNECTIONS:设置每个用户最多可以同时建立连接的数量。

使用 GRANT 语句创建一个新的用户,用户名为 user4,密码为 123,user4 用户对所有数据库有 INSERT、SELECT 权限,并使用 WITH GRANT OPTION 子句,GRANT 语句如下:

```
GRANT INSERT,SELECT ON *.* TO 'user4'@'localhost' IDENTIFIED BY '123'
WITH GRANT OPTION;
```

上述语句执行成功后,可以使用 SELECT 语句来查询 user 表中的用户权限,查询结果如下:

```
mysql> use mysql;
Database changed
mysql> SELECT Host,User,Password,Insert_priv,Select_priv,Grant_priv FROM
mysql.user WHERE user='user4'\G
*************************** 1. row ***************************
       Host: localhost
       User: user4
   Password: *23AE809DDACAF96AF0FD78ED04B6A265E05AA257
Insert_priv: Y
Select_priv: Y
 Grant_priv: Y
1 row in set (0.05 sec)
```

从上述结果可以看出,User 的值为 user4,Insert_priv、Select_priv、Grant_priv 的值都为 Y,因此可以说明用户 user4 对所有数据库具有增加、查询以及对其他用户赋予相应权限的功能。

8.3.3 查看权限

通过前面的讲解可以知道,使用 SELECT 语句可以查询 user 表中的权限信息,但是该语句不仅需要指定用户,还需要指定查询的权限,比较麻烦,为了方便查询用户的权限信息,MySQL 还提供了一个 SHOW GRANTS 语句。

SHOW GRANTS 的语法格式如下:

```
SHOW GRANTS FOR 'username'@'hostname';
```

从上述语法格式可以看出,SHOW GRANTS 语法格式比较简单,只需要指定查询的用户名和主机名即可。

使用 SHOW GRANTS 语句查询 root 用户的权限,具体如下:

```
SHOW GRANTS FOR 'root'@'localhost';
```

上述语句执行成功后,可以看到如下结果:

```
mysql> SHOW GRANTS FOR 'root'@'localhost'\G
*************************** 1. row ***************************
Grants for root@localhost: GRANT ALL PRIVILEGES ON *.* TO 'root
'@'localhost' IDENTIFIED BY PASSWORD '*27FE6B5A028489ECF5079808
FC148190EB26F4D7' WITH GRANT OPTION
```

从上述结果可以看出,root 用户拥有所有权限,并且可以为其他用户赋予权限。为了让初学者更好地掌握 SHOW GRANTS 语句,接下来通过查看普通用户权限的案例来演示 SHOW GRANTS 的用法。

使用 SHOW GRANTS 语句,查询 user4 用户的权限信息,具体如下:

```
SHOW GRANTS FOR 'user4'@'localhost';
```

上述语句执行结果如下:

```
mysql> SHOW GRANTS FOR 'user4'@'localhost'\G
*************************** 1. row ***************************
Grants for user4@localhost: GRANT SELECT, INSERT ON *.* TO 'use
r4'@'localhost' IDENTIFIED BY PASSWORD '*23AE809DDACAF96AF0FD78
ED04B6A265E05AA257' WITH GRANT OPTION
1 row in set (0.00 sec)
```

从上述结果可以看出,user4 用户有 SELECT 权限和 INSERT 权限,并且具有给其他用户赋予 SELECT、INSERT 权限的功能。

8.3.4 收回权限

在 MySQL 中,为了保证数据库的安全性,需要将用户不必要的权限收回,例如,数据管理员发现某个用户不应该具有 DELETE 权限,就应该及时将其收回。为了实现这种功能，MySQL 提供一个 REVOKE 语句，该语句可以收回用户的权限。

REVOKE 的语法格式如下：

```
REVOKE privileges [columns] [,privileges[(columns)]] ON database.table
FROM 'username'@'hostname'[,'username'@'hostname'] …
```

REVOKE 语法格式中的参数与 GRANT 语句中的参数意思相同，privileges 参数表示收回的权限，columns 表示权限作用于哪列上，如果不指定该参数表示作用于整个表。

使用 REVOKE 语句收回 user4 用户的 INSERT 权限，REVOKE 语句如下：

```
REVOKE INSERT ON *.* FROM 'user4'@'localhost';
```

上述语句执行成功后，可以使用 SELECT 语句来查询 user 表中的用户信息，查询结果如下：

```
mysql> SELECT Host,User,Password,Insert_priv FROM mysql.user WHERE user=
'user4'\G
*************************** 1. row ***************************
       Host: localhost
       User: user4
   Password: *23AE809DDACAF96AF0FD78ED04B6A265E05AA257
Insert_priv: N
1 row in set (0.02 sec)
```

从上述结果可以看出，Insert_priv 的权限值已经被修改为 N，因此可以说明 REVOKE 语句将 user4 的 INSERT 权限收回了。

如果用户的权限比较多，想一次性将其收回，使用上述语句就会比较麻烦，为此，REVOKE 语句还提供了收回所有权限的功能。

REVOKE 语句收回全部权限的语法格式如下：

```
REVOKE ALL PRIVILEGES,GRANT OPTION
FROM 'username'@'hostname' [,'username'@'hostname'] …
```

使用 REVOKE 语句收回 user4 的所有权限，REVOKE 语句如下：

```
REVOKE ALL PRIVILEGES,GRANT OPTION FROM 'user4'@'localhost';
```

上述语句执行成功后，可以使用 SELECT 语句来查询 user 表中的用户信息，查询结果如下：

```
mysql> SELECT Host,User,Password,Insert_priv,Select_priv,Grant_priv
from mysql.user where user='user4'\G
```

```
*************************** 1. row ***************************
        Host: localhost
        User: user4
    Password: *23AE809DDACAF96AF0FD78ED04B6A265E05AA257
 Insert_priv: N
 Select_priv: N
  Grant_priv: N
1 row in set (0.13 sec)
```

从上述结果可以看出，user4 用户的 INSERT、SELECT、GRANT 权限都被收回了。

小　　结

本章主要讲解了数据的备份与还原、用户管理、权限管理。通过本章的学习，初学者可以掌握如何备份数据，以及数据遭到破坏时如何还原数据，还可以掌握如何管理用户并对用户进行授权。

测　一　测

1. 请写出使用 mysqldump 命令备份 chapter08 数据库的 SQL 语句。

2. 请简述如何解决 root 用户密码丢失问题。

扫描右方二维码，查看思考题答案。